普通高等教育"十二五"规划教材（高职高专教育）

# C语言程序设计项目教程

姚宏坤　左红岩　韩建成　编

刘治安　主审

U0260826

中国电力出版社

**CHINA ELECTRIC POWER PRESS**

## 内 容 提 要

本书为普通高等教育"十二五"规划教材（高职高专教育）。本书针对高职高专学生的认知特点，突出高职高专"以就业为导向，以技能为目标"的特色。以精心设计的案例为引导，合理地把相关语言知识融入程序设计中。书中使用"试一试、讲一讲、做一做、学一学、想一想"的体例。本书共分为 3 个模块。模块 1 初级能力篇，包括第 1 章～第 4 章，以制作简易计算器为项目背景，主要介绍 C 语言的基本知识及顺序、选择和循环 3 种控制结构。模块 2 中级能力篇，包括第 5 章和第 6 章，以学生成绩统计系统项目为背景，主要介绍数组和函数。模块 3 高级能力篇，包括第 7 章～第 9 章，以学生信息管理系统项目为背景，主要介绍指针、结构体和文件。

本书可作为高职高专院校、成人高校和本科院校举办的二级职业技术学院、民办高校 C 语言程序设计课程的教材，也可作为备考等级考试和其他从事计算机编程人员的自学和参考用书。

## 图书在版编目（CIP）数据

C 语言程序设计项目教程 / 姚宏坤，左红岩，韩建成编. —北京：中国电力出版社，2012.1（2019.3 重印）
普通高等教育"十二五"规划教材. 高职高专教育
ISBN 978-7-5123-2411-4

Ⅰ．①C⋯ Ⅱ．①姚⋯ ②左⋯ ③韩⋯ Ⅲ．①C 语言—程序设计—高等职业教育—教材 Ⅳ．①TP312

中国版本图书馆 CIP 数据核字（2011）第 245701 号

中国电力出版社出版、发行
（北京市东城区北京站西街 19 号　100005　http://www.cepp.sgcc.com.cn）
北京九州迅驰传媒文化有限公司印刷
各地新华书店经售

\*

2012 年 1 月第一版　　2019 年 3 月北京第八次印刷
787 毫米×1092 毫米　16 开本　15.5 印张　374 千字
定价 27.00 元

# 前　言

目前很多高职院校和普通高等院校都将 C 语言作为程序设计基础语言课程学习的首选。因此，其教学内容安排得是否合理，将直接影响学生的学习效果。本书特别注重前后内容的编排和衔接，以方便教师讲授和学生学习。

本书的主要特点如下：

（1）突出技能，重在编程能力培养，理论知识从够用、必需的角度出发，加强实用性和实践性强的案例。

（2）本书充分体现"教、学、做"一体化的教学理念，使用"试一试、讲一讲、做一做、学一学、想一想"的体例。全书分为 3 个模块，每个模块均安排了综合设计项目，有助于本模块知识的综合理解和运用。

（3）每章均采用"案例驱动"的组织方式，从而避免了枯燥的理论叙述，有利于激发学生学习的积极性。每一节所讲授的知识点均贯穿于每一个案例之中，同时辅以相应难度的课堂练习（即做一做），使学生能够真正做到"随听随练，即练即懂"。

（4）针对每章所学知识点，精心设计了上机实训内容，采取了分层次实训的方式，既方便教师布置学生上机实训作业，也便于学生上机前准备和上机后总结，加强了实践环节的考核力度。

本书提供可直接使用的电子教案（PPT），以及教学案例集（包括全书所有实例的源代码、各章的实训题目及习题答案）。所有源代码均在 Visual C++ 6.0 下运行通过，所有的实例输出结果均采用屏幕复制后截取所得，充分体现了源代码的正确性。有需要的读者可从中国电力出版社教材中心网站下载，也可与作者联系，联系方式：yhk1968@163.com。

下表给出了本书内容的参考学时分配。

| 授　课　内　容 | 40 学时 | 60 学时 | 90 学时 |
| --- | --- | --- | --- |
| 第 1 章　初识 C 语言 | 2 | 2 | 2 |
| 第 2 章　C 语言程序设计初步 | 8 | 6 | 10 |
| 第 3 章　C 语言的选择结构 | 6 | 8 | 10 |
| 第 4 章　C 语言的循环结构 | 6 | 8 | 10 |
| 项目 1　制作简单计算器 | 2 | 2 | 2 |
| 第 5 章　C 语言的数组 | 6 | 8 | 10 |
| 第 6 章　C 语言的函数 | 6 | 6 | 10 |
| 项目 2　学生成绩统计系统 | 4 | 4 | 4 |
| 第 7 章　C 语言的指针 | 选学 | 选学 | 10 |
| 第 8 章　C 语言的结构体 | 选学 | 6 | 8 |
| 第 9 章　C 语言的文件 | 选学 | 6 | 8 |
| 项目 3　学生信息管理系统 | 选学 | 4 | 6 |

全书由保定电力职业技术学院姚宏坤、左红岩、韩建成编写，其中第 1 章～第 4 章、项目 1 和项目 3 由姚宏坤执笔，第 5 章～第 8 章、项目 2 由左红岩执笔，第 9 章由韩建成执笔，全书由姚宏坤统稿，保定电力职业技术学院刘治安主审。

　　本书编写过程中，参考了大量的文献资料，在此对这些文献资料的作者表示诚挚的谢意！

　　限于编者水平，加之时间仓促，书中错漏和不足之处在所难免，恳请广大读者批评指正。

编　者

2011 年 10 月

# 目　　录

# 模块 2　中级能力篇

# 模块 3　高级能力篇

▶普通高等教育"十二五"规划教材（高职高专教育）

C语言程序设计项目教程

# 模 块 1

## 初级能力篇

# 第1章　初　识　C　语　言

　　C 语言是人与计算机交流的工具，具有结构清晰、语法简练、功能强大、可移植性好等特点。它既适合编写系统软件，又可以编写应用软件，编译效率高，运行速度快。学习 C 语言最重要的是领会程序设计的要旨，领会计算思维，需要在不断的程序设计实践中用心体会，多多编程。

## 1.1　简　单　的　C　程　序

**学习目标**

◆ 了解 C 语言程序是如何组织的
◆ 掌握编写显示文本的 C 语言程序的方法

**试一试**

【例 1-1】　编写一个 C 程序，在显示器上输出"Hello World!"。

```
/*
    源文件名：ch1-1.c
    功能：输出 Hello World!
*/
#include  <stdio.h>
void main()
{
    printf("Hello World!\n");        //在显示器上输出 Hello World!
}
```

程序执行后，输出结果如图 1-1 所示。

**讲一讲**

（1）C 程序是由函数组成的。函数就是一段完成特定功能的独立程序段。本程序由一个 main 函数组成，其中，"void main(){…}"是程序的主体，main()表示主函数，main 是它的函数名。

（2）一个完整的程序必须有一个 main

图 1-1　[例 1-1] 的运行结果

函数，程序总是从 main 函数开始执行，即程序的入口。

（3）程序中由一组大括号{}括起来的是函数体，由一系列的语句组成。一个语句可以按一定规则分成多行，也可以一行写多个语句，每一个语句以分号结束。

（4）"/*…*/"表示注释部分，目的是提高程序的可读性。注释分为行注释和块注释，行注释用"//"表示，它的范围只到本行结束，不允许跨行。块注释用"/*…*/"表示。两种注释均可以加在程序中的任何位置。

（5）程序中 printf()是系统提供的标准输出函数，它的作用是在屏幕上输出指定的内容。"printf("Hello World!\n:");"在屏幕上产生一行输出"Hello World!"，并换行（\n）。

◆ 做一做

编写一个 C 程序，输出以下信息：

```
This is my first C program!
```

◆ 试一试

【例 1-2】　编写一个 C 程序，计算并输出两个整数的和。

```
/*
    源文件名：ch1-2.c
    功能：输出两整数的和
*/
#include  <stdio.h>
void main()
{
  int num1,num2,sum;                //定义三个整型变量
  printf("请输入第一个整数：");      //调用 printf 函数输出提示信息
  scanf("%d",&num1);                //调用 scanf 函数，从键盘上输入整数并赋值给 num1
  printf("请输入第二个整数：");      //输出提示信息
  scanf("%d",&num2);                //从键盘上输入整数并赋值给 num2
  sum=num1+num2;                    //求存放在 num1 和 num2 中的两数之和，并赋值给 sum
  printf("两数之和为：%d\n",sum);   //在显示器上输出两数之和，即 sum 中的值
}
```

程序执行后，输出结果如图 1-2 所示。

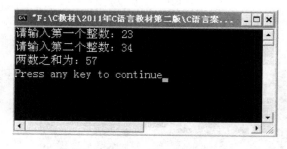

图 1-2　［例 1-2］的运行结果

◆ 讲一讲

（1）#include 语句是编译预处理命令，放在源程序的最前面，其末尾不带分号。它的作用是将由双引号或尖括号括起来的文件内容代替本行。".h"是"头文件"的后缀，"stdio.h"文件中包含所有的标准输入/输出函数信息。在程序中用到系统提供的标准函数库中的输入/输出函数时，应在程序的开头写上这一行命令。

（2）编写程序时首先应该考虑要用到的数据个数，［例 1-2］使用到 3 个数（即被加数、加数、和），所以应先定义 3 个变量。"int num1,num2,sum;"的作用就是定义 3 个存放整数的变量，变量的名称分别为 num1、num2、sum，类型都是整型，其中 int 表示整型。

（3）程序中 scanf()函数的作用是从键盘上为变量 num1、num2 输入值，其中"&"不能省略，代表"取地址"。

◆ 做一做

编写一个 C 程序，计算并输出两个整数的差。

**想一想**

如果参与运算的数据是小数，应如何修改程序？（参见第 2 章数据类型）

**学一学**

通过以上两个例子的分析，C 语言程序的一般结构可以用示意图 1-3 表示。

| 注释区 | | | `/*`<br>　　源文件名：ch1-1.c<br>　　功能：显示 Hello World!<br>`*/` |
|---|---|---|---|
| 声明区 | | | `#include <stdio.h>` |
| 程序区 | 主函数 | 函数首部 | `void main()` |
| | | 函数体 函数开始 | `{` |
| | | 声明部分 | |
| | | 执行部分 | `printf("Hello World!\n");` |
| | | 函数结束 | `}` |
| | 其他函数 | | 结构同 main() 主函数 |

图 1-3　C 语言程序的结构示意图

程序编写好后，需要以文件形式保存在磁盘上，以便长期保存和修改。以 ".c" 为扩展名的文件就保存着 C 程序。用任何文本编辑工具打开这种文件，都可以查看、修改程序的内容。图 1-3 中程序注释区中的 "源文件名：ch1-1.c" 就是说明文件名的。

## 1.2　创建和运行一个 C 语言程序

**学习目标**

◆ 如何创建 C 语言程序

**试一试**

【例 1-3】　在 Visual C++ 6.0 环境下创建并运行 [例 1-1]。

**讲一讲**

（1）打开 Microsoft Visual C++ 工作界面，如图 1-4 所示。

（2）创建 C 程序。打开 "文件" 菜单，单击 "新建" 命令。选择 "文件" 选项卡，单击 C++ Source File 选项，如图 1-5 所示。

（3）在 "文件名" 文本框中输入 "ch1-1.c"；在 "位置" 文本框中，通过单击其后的 "浏览" 按钮，选择文件存放的路径，然后单击 "确定" 按钮，显示对话框，如图 1-6 所示。

（4）编辑、保存 C 程序。输入程序的全部内容，如图 1-7 所示，在输入的时候不要输入中文标点符号。打开 "文件" 菜单，单击 "保存" 命令，把输入的内容保存到 ch1-1.c 文件中。

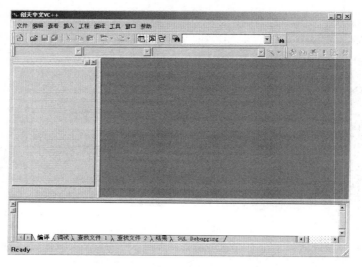

图 1-4　Microsoft Visual C++界面

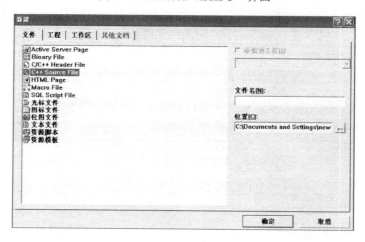

图 1-5　"文件"选项卡

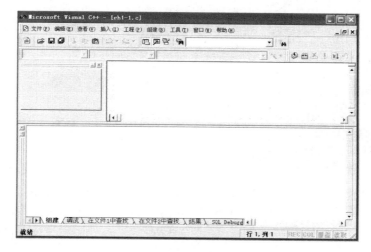

图 1-6　编辑模式下的 Visual C++

图 1-7　输入、保存程序

（5）编译。打开"组建"菜单，单击"编译"命令，如图 1-8 所示。窗口下部的显示框内最后一行说明在程序中发现了多少错误。如果不是"0 error(s)，0 warning(s)"，则要检查输入的程序，纠正错误，再重复此步骤，直到没有错误为止。在当前工作目录下将产生一个扩展名为".obj"的目标程序文件。本例目标文件为 ch1-1.obj。

图 1-8　编译 C 源代码

（6）连接。打开"组建"菜单，单击"组建"命令，生成可执行文件 ch1-1.exe，如图 1-9 所示。

（7）执行。打开"组建"菜单，单击"执行"命令，其运行结果如图 1-10 所示。

观察程序运行结果后，按任意键，运行窗口消失。本书中，我们编写的 C 程序都是这样编辑运行的。

（8）打开"文件"菜单，单击"退出"命令，关闭 Microsoft Visual C++ 6.0。

**做一做**

按照创建过程运行一个简单的 C 语言程序。

**学一学**

从以上举例可以看出，创建 C 语言程序有四个基本阶段或步骤：

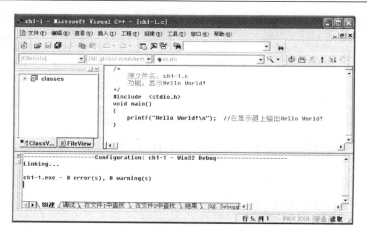

图 1-9　通过连接生成可执行程序

图 1-10　程序运行结果

（1）编辑。创建和编辑 C 语言源代码，生成扩展名为 ".c" 的 C 语言源程序。源程序是以 ASCII 码的形式输入和存放的，不能被计算机执行。

（2）编译。将编辑好的源程序翻译成机器语言（二进制的目标代码），在编译过程中检测及报告代码中的错误。编译无错后将生成扩展名为 ".obj" 的目标文件。

（3）连接。将编译生成的各模块与系统提供的库函数和包含文件（"#include" 命令所包含的文件）等连接成一个扩展名为 ".exe" 的可执行文件。连接过程中也可以检测并报告错误。例如，程序中的某部分缺失了，或者引用了不存在的库组件等。

（4）执行。可执行文件连接好后，就可以执行。这个阶段仍可能产生各种各样的错误，如生成错误的输出、程序不能运行、计算机什么也不做、甚至使计算机崩溃，无所不有。一旦出现这些情况，就需要返回编辑阶段，检查源代码。

无论在任何环境中，用何种编译语言，开发程序的基本过程都是编辑、编译、连接和执行。图 1-11 总结了开发 C 语言程序的全过程。

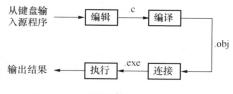

图 1-11　C 程序实现过程示意图

## 1.3　知　识　扩　展

学 习 目 标

◆ 了解程序和算法的基本概念

◆ 掌握 #include 命令的使用

◆ 了解 Visual C++ 集成开发环境

1. 程序和算法

"程序"一词来自于生活，通常指完成某些事务的一种既定方式和过程。可以将程序看成对一系列动作执行过程的描述。日常生活中可以找到许多"程序"实例。例如去银行取钱的行为可以描述为

（1）带上存折去银行；

（2）填写取款单；

（3）将存折和取款单递给银行职员；

（4）银行职员办理取款事宜；

（5）拿到钱；

（6）离开银行。

日常生活中程序性活动的情况与计算机里的程序执行很相似，这一情况可以帮助我们理解计算机的执行方式。

人们使用计算机，就是要利用计算机处理各种不同的问题。不要忘记计算机是机器，需要人们告诉它们工作的内容和完成工作的方法。为使计算机能按照人的指挥工作，计算机提供了一套指令，其中每一种指令对应着计算机能执行的一个基本动作。为让计算机完成某项任务而编写的逐条执行的指令序列就称为程序。在解决数学问题时，程序就是解决数学问题的步骤。例如求两数之和的解决步骤如下：

（1）获得要计算的数；

（2）求出两数之和；

（3）显示计算结果。

为了让计算机能够准确无误地完成任务，人们就必须事先对各类问题进行分析，确定解决问题的具体方法和步骤，再编制好一组让计算机执行的指令，交给计算机，让计算机按人们指定的步骤有效地工作。这些具体的方法和步骤，其实就是解决一个问题的算法。由此可见，程序设计的关键之一就是设计解题的方法与步骤，即算法。算法可以有许多种不同的形式表达，像上面那样用（1）、（2）、（3）逐条列出，是一种用自然语言形式描述的算法。这种形式能够让人理解，而程序是能够让计算机理解和执行的，因此，前者往往不那么精确，语法、格式可以比较自由，后者则必须符合一套严格的语法规范。我们在学习和实践中必须充分重视，直到熟悉并掌握它。

示例 1：用自然语言表达求解一位学生 3 门课程的考试成绩和平均分的算法。

（1）获得要计算的 3 个数；

（2）求出 3 个数之和；

（3）把和除以 3；

（4）显示和及平均分。

示例 2：用自然语言表达求解圆的面积和周长的算法。

（1）获得圆的半径 $r$；

（2）求出圆的面积 $s=\pi r^2$；

（3）求出圆的周长 $l=2\pi r$；

（4）显示圆的面积和周长。

这个实例采用了代数符号来表示数据和运算，使叙述变得简洁、精确。

示例 3：用自然语言表达求解一元二次方程的算法。

（1）获得一元二次方程 $ax^2+bx+c=0$ 的 3 个系数 $a$、$b$、$c$；

（2）计算 $d=b^2-4ac$，得到中间结果 $d$；

（3）计算 $d$ 的算术平方根 $s=\mathrm{sqrt}(d)$；

（4）分别计算 $x_1=(-b+s)/(2a)$ 和 $x_2=(-b-s)/(2a)$；

（5）显示一元二次方程的两个根。

**2．文件包含**

文件包含是指一个源文件可以将另一个源文件的整个内容嵌入进来。文件包含的形式有两种。

格式一：#include　"文件名"

格式二：#include　<文件名>

其中：

（1）文件名可以包含文件路径。

（2）格式一：系统先在引用被包含文件的源文件所在目录下寻找被包含的文件，如果找不到，再按指定的标准方式查找其他目录，直至找到为止。格式二：系统只按照规定的标准方式检索文件目录。

（3）一般情况下，使用用户自己编写的头文件时用""，使用系统提供的标准头文件时用<>。

**3．Visual C++集成开发环境**

程序设计需要经过一系列的步骤，这些步骤中有一些需要使用工具软件。例如，程序的输入和修改需要文字编辑软件，编译需要编译软件等。集成开发环境（Integrated Developing Environment，IDE）就是一个综合性的工具软件，它把程序设计全过程所需的各项功能集合在一起，为程序设计人员提供完整的服务。Visual C++ 6.0 就是这样一种集成开发环境。

（1）主窗口。Visual C++ 6.0 集成开发环境的主窗口如图 1-12 所示。

1）工作区窗口：Visual C++以工程工作区的形式组织文件、工程和工程设置。工作区窗口中显示当前正在处理的工程基本信息，通过窗口下方的选项卡可以使窗口显示不同类型的信息。

2）源程序编辑窗口：输入、修改和显示源程序的场所。

3）输出窗口：在编译、连接时显示信息的场所。

4）状态栏：显示当前操作或所选择命令的提示信息。

（2）主要菜单功能。

1）"文件"→"新建"命令：创建一个新的文件、工程或工作区，其中"文件"选项卡用于创建文件，包括".c"为扩展名的文件；"工程"选项卡用于创建新工程。

2）"文件"→"打开"命令：在源程序编辑窗口中打开一个已经存在的源文件或其他需要编辑的文件。

3）"文件"→"关闭"命令：关闭在源程序编辑窗口中显示的文件。

4）"文件"→"打开工作区"命令：打开一个已有的工作区文件，实际上就是打开对应工程的一系列文件，准备继续对此工程进行工作。

5）"文件"→"保存工作区"命令：把当前打开的工作区的各种信息保存到工作区文件中。

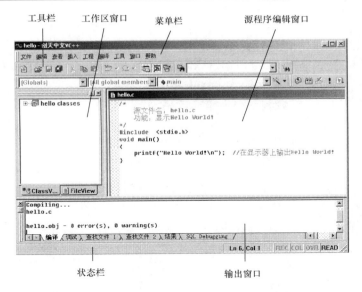

图 1-12　Visual C++ 6.0 集成开发环境的主窗口

6）"文件"→"关闭工作区"命令：关闭当前打开的工作区。

7）"文件"→"保存"命令：保存源程序编辑窗口中打开的文件。

8）"文件"→"另存为"命令：把活动窗口的内容另存为一个新的文件。

9）"查看"→"工作空间"命令：打开、激活工作区窗口。

10）"查看"→"输出"命令：打开、激活输出窗口。

11）"查看"→"调试窗口"命令：打开、激活调试信息窗口。

12）"工程"→"添加工程"→"新建"命令：在工作区中创建一个新的文件或工程。

13）"组建"→"编译"命令：编译源程序编辑窗口中的程序，也可用快捷键 Ctrl+F7。

14）"组建"→"组建"命令：连接、生成可执行程序文件，也可用快捷键 F7。

15）"组建"→"执行"命令：执行程序，也可用快捷键 Ctrl+F5。

16）"组建"→"开始调试"命令：启动调试器。

此外，对于编译、连接和运行操作，Visual C++ 还提供了一组快捷工具按钮，如图 1-13 所示。

图 1-13　Visual C++ 6.0 编译运行工具按钮

## 1.4　课　后　练　习

### 一、选择题

1. C 语言是由_____组成的。

　　A．子程序　　　　　　　　　　　B．过程

　　C．函数　　　　　　　　　　　　D．主程序和子程序

2. C 语言程序中主函数的个数_____。

　　A．可以没有　　　　　　　　　　B．可以有多个

  C．有且只有一个      D．以上叙述均不正确

3．下面叙述不正确的是_____。

  A．一个 C 源程序可以由一个或多个函数组成

  B．一个 C 源程序必须包含一个 main 函数

  C．在 C 程序中，注释说明只能位于一条语句的后面

  D．C 程序的基本组成单位是函数

4．一个 C 程序的执行是从_____。

  A．本程序文件的第一个函数开始，到本程序文件的最后一个函数结束

  B．本程序的 main 函数开始，到 main 函数结束

  C．本程序的 main 函数开始，到本程序文件的最后一个函数结束

  D．本程序文件的第一个函数开始，到本程序 main 函数结束

## 二、填空题

1．C 语言源程序的每一条语句都是以_____结束。

2．开发 C 语言程序的步骤有_____、_____、_____、_____四步。

3．C 语言程序注释有两种方法，一种是_____，另一种是_____。

4．C 语言源文件的扩展名是_____，编译生成的目标文件扩展名是_____，连接生成的可执行文件的扩展名是_____。

5．填写下列图形框中的内容

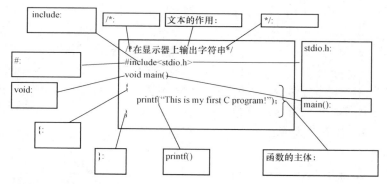

## 三、分析下面程序的运行结果

```
#include <stdio.h>
void main()
{
  printf("I love China!\n");
  printf("we are students\n");
}
```

## 四、编写程序

编写一个 C 程序，输出以下信息：

```
* * * * * * * * * * * * * * * * * * *
   I  am  a  student !
* * * * * * * * * * * * * * * * * * *
```

# 1.5 上 机 实 训

**【实训目的】**

（1）掌握 C 程序的各个实现环节。

（2）学习 C 程序中错误的修改方法。

（3）编写自己的第一个 C 语言程序。

**【实训内容】**

| 实训步骤及内容 | 题 目 解 答 | 完成情况 |
| --- | --- | --- |
| 准备阶段：<br>（1）在磁盘上建立工作目录。<br>（2）启动 Visual C++ 6.0。<br>（3）书写创建一个 C 语言程序的步骤 | | |
| 实训内容：<br>1. 熟悉 Visual C++环境（程序名：lx1-1.c）。<br>（1）在 Visual C++编辑环境中输入［例 1-1］。<br>（2）进行编译、连接和执行，并记录运行结果。<br>（3）分析：如果省略该程序第一行<br>`#include <stdio.h>`<br>其结果如何？说明其原因 | | |
| 2. 按照原样输入下面程序，分析并修改程序中的错误（程序名：lx1-2.c）。<br>`#include <stdio.h>;`<br>`void main()`<br>`{`<br>`    printf("I love China!\n")`<br>`}` | | |
| 3. 编写一个 C 程序，输出你的姓名和地址（程序名：lx1-3.c） | | |
| 实训总结：<br>分析讨论如下问题：<br>（1）建立 C 语言程序的基本步骤和关键问题。<br>（2）C 语言程序的结构和应当注意的事项 | | |

# 第 2 章　C 语言程序设计初步

通过第 1 章的学习，我们已经能够编制显示固定信息的简单 C 语言程序了。事实上，程序设计的世界远不止于此。理想的状况是能从键盘输入数据，程序能把这些数据存储在某处，程序要能够访问这些数据，对它们进行操作，每次运行程序，还要能够处理不同的数据值。每次运行程序时都能输入不同信息是整个程序设计的关键所在，这就是本章要介绍的内容。

## 2.1　数　据　类　型

### 学习目标

◆ 了解数据类型的划分标准
◆ 掌握数据类型的分类

### 试一试

【例 2-1】 分析下列情况的数据适合使用什么类型。

（1）学生的年龄和成绩。

（2）学生的姓名、性别和通信地址。

分析结果如表 2-1 所示。

表 2-1　　　　　　　　　　　　　　　［例 2-1］分 析 结 果

| 学生信息 | 姓名 | 性别 | 通信地址 | 年龄 | 成绩 |
|---|---|---|---|---|---|
| 数据类型 | 字符串 | 字符型 | 字符串 | 整型 | 实型 |

### 讲一讲

（1）学生的年龄和成绩都可以进行加减等运算，具有一般数值的特点，在 C 语言中称为数值型。其中年龄是整数，多使用整型，如 11、56；成绩一般为实数，所以使用实型（也称为浮点型），如 89.5、77.0。

（2）学生的姓名、通信地址和性别是不能进行加减等运算的，这种数据具有文字的特性。姓名和通信地址由多个字符组成，在 C 语言中称为字符串，如"王晓"、"河北省石家庄建华大街 11 号"，字符串中的数据使用双引号作为定界符；性别可以使用单个字符表示，这在 C 语言中称为字符型数据，如'T'表示男性，'F'表示女性，字符型数据通常使用单引号作为定界符。

### 做一做

区分下列数据的数据类型

-30、0、"hello"、'？'、9、9.0、'9'、"9"

🌱 **学一学**

C 语言提供的数据结构是以数据类型形式出现的。所谓数据类型就是按被说明量的性质、表示形式、占据存储空间的多少、构造特点来划分的一种数据组织形式。C 语言的数据类型包含 4 大类，如图 2-1 所示。

本节重点讨论前 3 种基本数据类型，其他数据类型将在后续章节中介绍。

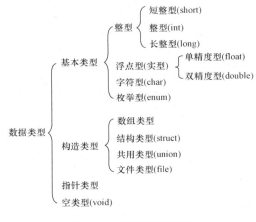

图 2-1　C 语言数据类型

1. 整型

整型用于存储整数，其值可以是十进制、八进制（以零开头：0）或十六进制（以零 x 开头：0x）的数。整型使用关键字 int 来表示。例如：

100、0x12（十六进制，即十进制数 18）、010（八进制，即十进制数 8）

此外整型数据还包括 short、long、signed、unsigned 等数据类型。

2. 浮点型

浮点型用于存储小数或超出整型范围的数值。浮点型分为单精度型和双精度型两种，单精度型使用关键字 float 来表示，双精度型使用关键字 double 来表示，例如：

3.14（单精度数）、123.4567899876（双精度数）、1.23E50（使用科学计数法，表示 $1.23×10^{50}$）

3. 字符型

字符型用于表示 ASCII 码字符的数据类型。字符型使用关键字 char 来表示，如 'T'、'3'。字符类型只能存储单独一个字符，如 '34' 就是错误的字符型数据，只能写成 "34" 字符串。字符型数据存放在计算机中实际上是该字符的 ASCII 码（即一个整数），因此，字符型和整型关系非常密切，可把字符型看做一种特殊的整型（见附录 A　ASCII 码表）。事实上，字符型数据和整型数据之间经常混合使用。

表 2-2 列出了 C 语言中常用的基本数据类型的存储方式和取值范围（Visual C++ 6.0 环境中）。

**表 2-2**          **C 语言基本数据类型的存储方式和取值范围**

| 名　称 | 类型说明符 | 位　数 | 取　值　范　围 |
|---|---|---|---|
| 整型 | int | 4 | −2147483648～2147483647 |
| 无符号整型 | unsigned int | 4 | 0～4294967295 |
| 短整型 | short int | 2 | −32768～32767 |
| 无符号短整型 | unsigned short | 2 | 0～65535 |
| 长整型 | long int | 4 | −2147483648～2147483647 |
| 无符号长整型 | unsigned long | 4 | 0～4294967295 |
| 单精度 | float | 4 | $3.4×10^{-38}～3.4×10^{38}$ |

续表

| 名　　称 | 类型说明符 | 位　数 | 取 值 范 围 |
|---|---|---|---|
| 双精度 | double | 8 | $1.7×10^{-308}～1.7×10^{308}$ |
| 字符型 | char | 1 | $-128～127$ |
| 无符号字符型 | unsigned char | 1 | $0～255$ |

**想一想**

如何选择恰当的数据类型？应具体问题具体分析，尽量选取取值范围较大的数据类型，特别是在求阶乘、求幂、求积等运算时。

## 2.2　常 量 和 变 量

**学 习 目 标**

◆ 掌握常量的类型和表示方法
◆ 掌握变量的三要素和命名规则
◆ 掌握变量的定义和初始化方法

### 2.2.1　常量

常量是在程序执行过程中其值可以保持不变的量。

**试一试**

【例 2-2】　区分下列常量的类型。

203、3.14、'#'、"good"

分析结果如表 2-3 所示。

表 2-3　　　　　　　　　　［例 2-2］分 析 结 果

| 数据 | 203 | 3.14 | '#' | "good" |
|---|---|---|---|---|
| 数据类型 | 整型 | 实型 | 字符型 | 字符串 |

**讲一讲**

（1）常量一般用于给变量赋初始值，或作为运算表达式中的操作数。

（2）根据常量类型的划分，203 是整型常量，3.14 是单精度实型常量（或单精度浮点型常量），'#'是字符型常量，"good"是字符串常量。

**做一做**

区分下列常量的类型：4.3E-03、0x123、'\n'、"abc"。

**学一学**

（1）C 语言中的常量可分为 5 种类型，如图 2-2 所示。

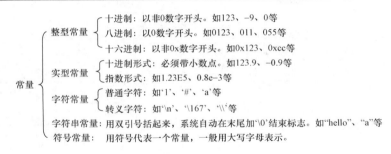

图 2-2　常量的分类

（2）使用符号常量，需要在程序的开始处通过宏定义语句说明。例如，#define PI 3.14159，定义了符号常量 PI，在之后的程序中就可以使用 PI 代替常量 3.14159，为了与变量区别，通常使用大写字母来定义符号常量。符号常量一旦定义好后，不能在程序中修改其值，只能通过修改宏定义语句的数值，使其值发生改变。

（3）字符常量和单字符的字符串是不一样的，如 'X' 与 "X" 是两个不同的常量，前者占用 1 字节，后者占用 2 字节。字符常量分为普通字符和转义字符，常用的转义字符见表 2-4。

表 2-4　　　　　　　　　　　　　　转　义　字　符

| 字符形式 | 说　明 | 字符形式 | 说　明 |
| --- | --- | --- | --- |
| \n | 换行 | \f | 走纸换页 |
| \t | 横向跳格 | \\ | 反斜杠字符 "\" |
| \v | 竖向跳格 | \' | 单引号字符 |
| \b | 退格 | \0 | 空字符 |
| \r | 回车 | \" | 双引号字符 |
| \ddd | 1～3 位八进制数所代表的字符 | \xhh | 1～2 位十六进制数所代表的字符 |

### 2.2.2　变量

变量是一段特定的计算机内存，由一个或多个连续的字节构成。每个变量有一个名字，可以用变量名引用这段内存，读取它存放的数据，或在此存放一个新数据值。

试一试

【例 2-3】　请指出下列 C 语言程序中所定义的两个变量的 3 个要素、定义的格式及初始化的方法。

```
void main()
{
    int num1=320;
    float num2;
    num2=3.5;
}
```

分析结果如表 2-5 所示。

**表2-5**　　　　　　　　　　　　　　　　[例2-3] 分 析 结 果

| 变量的三要素 | | | 定义的格式 | 初始化方法 |
|---|---|---|---|---|
| 变量名 | 变量类型 | 变量的值 | | |
| num1 | int | 320 | int num1=320; | 定义的同时赋值 |
| num2 | float | 3.5 | float num2; | 先定义，后赋值 |

**学一学**

1. 变量的三要素

变量的三要素如图2-3所示。

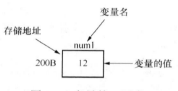

图2-3　变量的三要素

（1）变量名：变量的名字。定义变量名有一定的灵活性，变量名是由字母开头的一个或多个字母、数字及下划线"_"构成的字符串。C语言中变量名是区分大小写的，也就是说num与NUM是完全不同的变量名。不能使用C语言的关键字作为变量名，如关键字 int 不能作为变量名使用。C语言的关键字见附录B。

（2）变量类型：表明变量的数据类型。每种类型用于存储一种特定的数据。如整型变量（int）、实型变量（float和double）、字符型变量（char）。

（3）变量的值：程序运行过程中，通过变量名来引用变量的值，变量的值存储在内存中。

2. 变量的定义与初始化

常量可以直接引用，而变量则必须先定义后使用。

（1）变量定义的格式：

数据类型　变量名表；

数据类型必须是C语言关键字中规定的有效数据类型，如int、float、char等；变量名表可由一个或多个变量名组成，每个变量名之间使用逗号分隔，注意语句以分号结束。

（2）变量的初始化：定义变量时，系统便根据变量的数据类型为其分配了存储空间。若不为该空间指定一个值，则该空间的值可能是0，也可能是一个随机值。所以变量在使用前，一定要对其初始化，给变量赋值有两种方法。

方法一：先定义再赋值，例如

```
int num;
num=10;
```

方法二：定义的同时初始化，例如

```
int num=10;
```

变量的定义（也称变量声明）、初始化与赋值如表2-6所示。变量的初始化是指在定义变量的同时给变量赋初值。

**表2-6**　　　　　　　　　　　　　变量的定义、初始化与赋值

| 项　目 | 整　　型 | 单精度型 | 双精度型 | 字符型 |
|---|---|---|---|---|
| 定义 | int a,b; | float a,b; | double x,y; | char ch; |

| 项目 | 整　型 | 单精度型 | 双精度型 | 字符型 |
|---|---|---|---|---|
| 初始化 | int a=1,b=2; | float a=2.3,b; | double x=7.8,y; | char ch='k'; |
| 赋值 | a=10;b=20; | a=7.2;b=4.5; | x=77.6; | ch='d'; |

必须注意，C 语言中没有字符串型变量。另外，变量的定义要集中放在函数的开始，不能与其他语句混放，否则不能通过编译。

### 做一做

找出下面程序中的错误，并分析原因。

```c
#include <stdio.h>
void main()
{
    int num1,num2;              //定义两个整型变量
    num1=12;num2=34;
    int sum;                    //定义一个存放和的整型变量
    sum=num1+num2;              //求两数之和
    printf("两数之和为：%d\n",sum);
}
```

### 试一试

**【例 2-4】** 运行下列程序，观察 3 个变量输出的结果。

```c
/*
    源文件名：ch2-4.c
    功能：输出变量的值
*/

#include <stdio.h>
void main()
{
    int n1=10;
    float n2=3.7;
    char n3='y';
    printf("n1=%d\n",n1);       //按整型格式输出变量 n1 的值
    printf("n2=%f\n",n2);       //按实型格式输出变量 n2 的值
    printf("n3=%c\n",n3);       //按字符型格式输出变量 n3 的值
}
```

程序执行后，输出结果如图 2-4 所示。

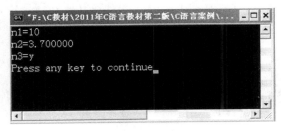

图 2-4　［例 2-4］的运行结果

讲一讲

（1）变量被赋值后，需要使用标准的输入/输出函数进行输出显示，标准输出函数 printf() 的作用就是输出一个字符串，或按照指定格式和数据类型输出若干个变量的值。

（2）程序中 3 个 printf 语句分别输出 n1、n2、n3 这 3 个变量的值。其中%d、%f、%c 都是格式字符，%d 表示按十进制整型格式输出变量的值。%f 表示按十进制小数格式输出变量的值。%c 表示输出字符型变量的值。\n 表示输出一个换行符，即光标将移动到下一行的开始位置。

想一想

修改［例 2-4］程序中前 3 行定义变量的语句，去掉对变量初始化，即只定义变量，不为变量赋值，程序将会输出什么结果？

试一试

【例 2-5】 实型变量示例。

```
/*
    源文件名：ch2-5.c
    功能：实型变量示例
*/
#include  <stdio.h>
void main()
{
    float x;                        //定义单精度实型变量
    double y;                       //定义双精度实型变量
    x=55555.55555;                  //为变量 x 赋值
    y=55555.55555555555555;         //为变量 y 赋值
    printf("x=%f\ny=%lf\n",x,y);    //在显示器上输出变量 x、y 的值
}
```

运行结果如图 2-5 所示。

图 2-5 ［例 2-5］的运行结果

讲一讲

从［例 2-5］可以看出，由于 x 是单精度型，有效位数只有 7 位。而整数已占 5 位，故小数点两位之后均为无效数字。y 是双精度型，有效位为 16 位。小数点后保留位数最多 6 位，其余部分四舍五入。

试一试

【例 2-6】 字符型变量示例。

```
/*
    源文件名：ch2-6.c
```

　　功能：字符型变量示例
```
*/
#include  <stdio.h>
void main()
{
    int ch1;                        //定义一个整型变量 ch1
    char ch2;                       //定义一个字符型变量 ch2
    ch1=97;ch2='A';                 //为变量赋值
    printf("%c,%c\n",ch1,ch2);      //将变量按字符型格式输出
    printf("%d,%d\n",ch1,ch2);      //将变量按整型格式输出
}
```
运行结果如图 2-6 所示。

图 2-6　［例 2-6］的运行结果

🔬 讲一讲

　　［例 2-6］中定义 ch1 变量为整型，ch2 变量为字符型。从结果看 ch1、ch2 值的输出形式取决于 printf 函数的格式控制字符串中的格式字符，当格式字符为"%c"时，对应输出的变量值为字符，当格式字符为"%d"时，对应输出的变量值为十进制整数。因此字符型和整型间可进行算术运算。例如，为 ch1 和 ch2 重新赋值如下：

```
ch1='a'+5;                      //等同于：ch1=97+5;
ch2='A'-4;                      //等同于：ch2=65-4;
```

💭 想一想

　　修改本例中变量 ch1 的值为 ch1=270;，分析运行结果。
　　思考字符型数据和整型数据相互转换的条件是什么？

⚙ 做一做

　　运行下列程序，分析结果，写出该程序的功能。

```
#include  <stdio.h>
void main()
{
    char ch1,ch2;
    ch1='x';ch2='y';
    ch1=ch1-32;ch2=ch2-32;
    printf("%c,%c\n",ch1,ch2);
    printf("%d,%d\n",ch1,ch2);
}
```

💭 想一想

　　大小写字母之间是如何相互转换的？

# 2.3　运算符和表达式

学习目标

◆ 掌握 C 语言基本运算符的使用
◆ 理解运算符的优先级
◆ 熟练掌握 C 语言基本表达式的使用
◆ 掌握表达式中数据类型的转换

在 C 语言中，对常量或变量的处理是通过运算符来实现的。常量和变量通过运算符组成 C 语言的表达式，表达式是语句的一个重要组成要素。C 语言提供的运算符很多，所有由运算符构成的表达式种类也很多。本章重点介绍算术运算、赋值运算和逗号运算。

## 2.3.1　算术运算符和算术表达式

**试一试**

**【例 2-7】** 求解算术表达式的值。

```
/*
    源文件名：ch2-7.c
    功能：算术表达式求值
*/
#include <stdio.h>
void main()
{
    int n1=1,n2=2;
    float n3=3.5,n4=2.5,s;         //定义 5 个变量，其中 s 用来保存表达式结果
    s=(float)(n1+n2)/2+(int)n3%(int)n4;
    printf("s=%f\n",s);            //按实型格式输出表达式的值
}
```

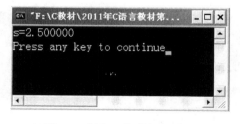

图 2-7　[例 2-7] 的运行结果

运行结果如图 2-7 所示。

**讲一讲**

（1）表达式运算按优先级先后次序进行，（）括号的优先级最高，应先算括号内 n1+n2 的值；（类型）强制转换符在括号优先级之后，再进行数据类型转换，将 n1+n2 的结果转换成实型，n3、n4 转换成整型。

（2）"/" 和 "%" 优先级相同，由于算术运算都是自左向右结合，所以先算(float)(n1+n2)/2，运算结果是实型，值为 1.5。再计算(int)n3%(int)n4，由于 n3 和 n4 均强制转换为整型，符合求余运算，结果为 1。最后计算 1.5+1，结果为 2.5，实型数据保留 6 位小数，所以最终结果为 2.500000。

**做一做**

模仿［例 2-7］编写 C 程序，计算算术表达式(int)n1/2+3*(–2)/(int)(n1+n2) –12 的值，其中 n1=1.7, n2=2.7。

**学一学**

1．C 语言算术运算符包括单目运算符、双目运算符和强制运算符 3 类

（1）单目运算符。单目运算符及其示例如表 2-7 所示。

表 2-7　　　　　　　　　　　　　　　**单 目 运 算 符**

| 运算符 | 名　称 | 运算规则 | 运算对象 | 运算结果 | 举　例 | x 的值 | a 的值 |
|---|---|---|---|---|---|---|---|
| – | 取负 | 取负值 | 整型或实型 | 整型或实型 | a=1;x=-a; | x=-1 | a=1 |
| ++ | 增 1（前缀） | 先增值后引用 | 整型、字符型或实型变量 | 整型、字符型或实型变量 | a=1;x=++a; | x=2 | a=2 |
| ++ | 增 1（后缀） | 先引用后增值 | | | a=1;x=a++; | x=1 | a=2 |
| –– | 减 1（前缀） | 先减值后引用 | | | a=1;x=––a; | x=0 | a=0 |
| –– | 减 1（后缀） | 先引用后减值 | | | a=1;x=a––; | x=1 | a=0 |

**注　意**

自增和自减运算符中的 4 个符号同级，且高于取负运算符，只作用于变量，不能作用于常量和表达式。

（2）双目运算符。

双目运算符及其示例如表 2-8 所示。

表 2-8　　　　　　　　　　　　　　**双目运算符及其示例**

| 运算符 | 名　称 | 运算规则 | 运算对象 | 运算结果 | 举　例 | 表达式值 |
|---|---|---|---|---|---|---|
| * | 乘 | 乘法 | 整型或实型 | 整型或实型 | 2.5*3.0 | 7.5 |
| / | 除 | 除法 | | | 2.5/5 | 0.5 |
| % | 模（求余） | 整数取余 | 整型 | 整型 | 10%3 | 1 |
| + | 加 | 加法 | 整型或实型 | 整型或实型 | 2.5+1.3 | 3.8 |
| – | 减 | 减法 | | | 2.5–1.3 | 1.2 |

**注　意**

双目运算符优先级：*、/、%同级，+、–同级，并且前者高于后者。双目运算符优先级低于单目运算符。两个整数相除的结果仍为一个整数，例如，13/5 的值为 2，而不是 2.6。参与求余运算的操作数必须为整型数据，例如，3%2 的余数为 1，但 3.0%2 就是不正确的。

（3）强制类型转换运算符。强制类型转换运算符及其示例如表 2-9 所示。

**表 2-9** 强制类型转换运算符及其示例

| 运算符 | 名 称 | 运算规则 | 运算对象 | 运算结果 | 举 例 | 表达式值 |
|---|---|---|---|---|---|---|
| 类型 | 类型转换 | 转换为指定类型 | 整型或实型 | 整型或实型 | float x=3.4;<br>(int)x; | 3 |

**注 意**

强制类型转换运算符高于双目运算符，但低于取负运算。该类型不会改变其后边表达式的类型。如表 2-9 中，表达式(int)x;的值为 3，但 x 的值仍然为 3.4。

2. 算术表达式

算术表达式就是用算术运算符将运算对象连接起来的式子，例如：(x+y)/5+z*7。书写算术表达式时，运算符和运算数都要写在同一条水平线上。例如，$x^y$ 写成算术表达式为 pow(x,y)（见附录 D）。

算术表达式运算时，先按照运算符的优先级（见附录 C）由高到低依次执行。如果遇到同级的运算符，则按照自左向右的方向来处理。

**想一想**

如果有定义语句 int sum=260;，分析 **sum/3**、**sum/3.0**、**(float)sum/3** 的结果。

**做一做**

运行下列程序，分析运行结果，理解单目运算符的使用规则。

程序一：

```
#include <stdio.h>
void main()
{
    int m=5,n;
    n=m++;                    //m++表示自增后置方式，m 的值先赋值给 n，再自加 1
    printf("n=%d,m=%d\n",n,m);
    m=5;
    n=++m;                    //++m 表示自增前置方式，m 先自加 1，再赋值给 n
    printf("n=%d,m=%d\n",n,m);
    m=5;
    n=m--;                    //m--表示自减后置方式，m 的值先赋值给 n，再自减 1
    printf("n=%d,m=%d\n",n,m);
    m=5;
    n=--m;                    //--m 表示自减前置方式，m 先自减 1，再赋值给 n
    printf("n=%d,m=%d\n",n,m);
}
```

程序二：

```
#include <stdio.h>
void main()
{
    int i=5,j=5;
    printf("++i:%d,j++:%d\n",++i,j++);
```

```
    printf("i=%d,j=%d\n",i,j);
}
```

### 2.3.2　赋值运算符和赋值表达式

**试一试**

**【例 2-8】**　求解赋值表达式的值。

```
/*
    源文件名：ch2-8.c
    功能：赋值表达式求值
*/
#include <stdio.h>
void main()
{
    int x,y;
    x=y=1;
    x+=5;
    y-=-5;
    printf("x=%d,y=%d\n",x,y);
}
```

运行结果如图 2-8 所示。

**讲一讲**

（1）赋值运算符的优先级低于算术运算符，赋值
运算符采取自右向左结合方式。

（2）表达式 y-=-5 的运算相当于 y=y-(-5)，所以最
终 y=6。

图 2-8　［例 2-8］的运行结果

**做一做**

运行下列程序，分析执行结果。

```
#include <stdio.h>
void main()
{
    int x;
    x=1;
    x+=5;
    x+=x+=5;
    printf("x=%d\n",x);
}
```

**学一学**

1．赋值运算

（1）赋值表达式的一般形式：变量=表达式。

（2）赋值号的左侧一定是一个变量，右边可以为常量、变量或表达式，表示将右边的值
赋值给左边的变量。例如，i=5.3/4 表示将 5.3/4 的值保存到变量 i 中。

（3）如果赋值号两边的类型不一致，则系统会自动将右边的值转换成左边变量的类型再

赋值。例如，int i；i=5.9；系统先将 5.9 转换为整数 5（舍弃小数部分），再赋值给 i 变量。

2. 复合运算符

复合运算符及其示例如表 2-10 所示。

表 2-10　　　　　　　　　　　　　　复 合 运 算 符

| 运算符 | 名　称 | 运算规则 | 运算对象 | 运算结果 | 举　　例 | 表达式值 |
|---|---|---|---|---|---|---|
| *= | 自反乘 | a*=b⟺a=a*b | 整型或实型 | 整型或实型 | a=3；a*=2； | 6 |
| /= | 自反除 | a/=b⟺a=a/b | | | a=3；a/=2； | 1 |
| %= | 自反模 | a%=b⟺a=a%b | 整型 | 整型 | a=3；a%=2； | 1 |
| += | 自反加 | a+=b⟺a=a+b | 整型或实型 | 整型或实型 | a=3；a+=2； | 5 |
| −= | 自反减 | a−=b⟺a=a−b | | | a=3；a−=2； | 1 |

注　意

复合运算符中 5 个运算符同级，但低于双目运算符。

3. 赋值表达式的值

赋值表达式的值等同于赋值号左边变量的值。例如，i=9 表达式的值与变量 i 的值相同，均为 9。

做一做

编写 C 程序，完成如下运算：当 i=10 时，计算表达式 i+=i−=i*i 的值。

### 2.3.3　逗号运算符和逗号表达式

试一试

【例 2-9】　求解逗号表达式的值。

```
/*
    源文件名：ch2-9.c
    功能：逗号表达式求值
*/
#include <stdio.h>
void main()
{
    int n1,n2;
    n1=n2=0;
    n2=(n1=3*8,n1+5);
    printf("n1=%d,n2=%d\n",n1,n2);
}
```

运行结果如图 2-9 所示。

做一做

编写 C 程序，完成如下运算：当 a=10,b=0 时，计算逗号表达式 b=(a+=5,a+5)的值。

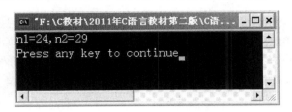

图 2-9　［例 2-9］的运行结果

**学一学**

（1）C 语言提供了一种被称为逗号运算符的特殊运算符，用它将两个表达式连接起来，称为逗号表达式。逗号表达式的一般形式为

表达式 1，表达式 2

（2）逗号表达式的求值过程：先求表达式 1 的值，再求表达式 2 的值，整个表达式的值就是表达式 2 的值。

（3）逗号运算符的优先级最低，在只允许出现一个表达式的地方需要使用多个表达式时，常采用逗号表达式的形式，如 for(i=0,j=1; i<=j; i++,j++)。

### 2.3.4　表达式中数据类型的转换

**试一试**

【例 2-10】　假定 m 为 float 型，n 为 int 型，分析表达式 19+'a'–2.5+m/n 运算后的数据类型。

**讲一讲**

（1）"/" 的优先级最高，先算 m/n，m 为 float 型，系统先将 m 自动转换为 double 型，n 为 int 型，系统将其转换为 double 型，则 m/n 的结果为 double 型（转换规则见图 2-10）。

（2）"+"、"–" 为同级运算，按照自左至右的结合方式，先算 19+'a'，19 为 int 型，'a' 为 char 型，将 'a' 转换为 int 型，结果为 116，类型为 int 型。

（3）再做 116–2.5，2.5 为 float 型，自动转换为 double 型，116 为 int 型，自动转换为 double 型，结果为 double 型，最后加上 m/n 的结果，表达式最后的类型为 double 型。

**学一学**

（1）当不同类型的数据在运算符的作用下构成表达式时要进行类型转换，即把不同类型按规则转换成同一类型，再进行运算。其转换原则如图 2-10 所示。

（2）图中横向箭头表示必定的转换，即 char、short 必定先转换成 int 型，float 型转换成 double 型。需要指出的是，两个均为 float 型的数据之间运算，也要先转换成 double 型，以便提高运算精度。纵向箭头表示当运算对象为不同类型时转换的方向，如 int 型与 long 型数据进行运算，先将 int 型的数据转换成 long 型，然后两个同类型的数据进行运算，结果为 long 型。注意箭头方向只表示数据类型由低向高转换，不要以为 int 型先转换成 unsigned 型，再转换为 long 型。类型的高低是根据数据所占用的空间大小来

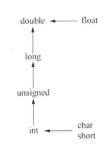

图 2-10　类型转换原则

判定的，占用空间越多，类型越高；反之越低。当较高类型的数据转换成较低类型的数据时，称之为降格。C 语言中类型提升时，一般其值保持不变；但类型降格时就可能会失去一部分信息。具体地讲，若是 int 型转换成 char 型时，要去掉整型数据的前 24 位，因为 int 型是 32 位的，而 char 型是 8 位的，但因为最高位的解释不同，数据可能会发生改变。实型转换成整型时，将截去小数部分。双精度型转换成单精度型时，将进行四舍五入。

## 2.4　数据的输入 / 输出

所谓输入/输出是相对于计算机而言。操作系统分别将键盘和显示器定义为标准的输入/输出设备。C 语言没有提供专门的输入/输出语句，输入/输出操作是由函数实现的，这些函数放在标准的 I/O 函数库中。标准 I/O 函数库中的一些公用信息是在头文件 stdio.h 中预先定义好的。

---
**学 习 目 标**

◆ 熟练掌握 C 语言格式化输出函数的使用

◆ 熟练掌握 C 语言格式化输入函数的使用

◆ 掌握 C 语言字符输入函数的使用

◆ 掌握 C 语言字符输出函数的使用

---

### 2.4.1　格式化输出函数

**试一试**

【例 2-11】　编写 C 语言程序，输出半径 $r$=2.5 的圆的周长及面积。

```c
*
    源文件名：ch2-11.c
    功能：输出圆周长和面积
*/
#include <stdio.h>
#define PI 3.14                     //定义符号常量 PI=3.14
void main()
{
    float r=2.5,len,area;           //定义 3 个变量：r-半径，len-周长，area-面积
    len=2*PI*r;                     //计算圆的周长
    area=PI*r*r;                    //计算圆的面积
    printf("圆的周长为:%6.2f\n",len); //输出圆的周长
    printf("圆的面积为:%6.2f\n",area);//输出圆的面积
}
```

运行结果如图 2-11 所示。

**讲一讲**

（1）格式说明符：printf 函数中的%6.2f 是格式说明符，其中 6 表示总位数（含小数点），2 表示小数点后两位小数，f 表示以实型数据格式输出。

图 2-11　［例 2-11］的运行结果

（2）转义字符：printf 函数中的\n 为转义字符（见表 2-4），表示产生一个换行操作。

（3）普通字符：printf 函数中除格式说明符和转义字符外，其他字符均为普通字符。输出时原样显示。如示例中的"圆的周长:"等。

（4）输出项列表：printf 函数中双引号之后的所有项为输出项列表，此项是可选项，当多于一个输出项时，之间用逗号分隔。输出项可以是常量、变量、表达式等。如

```
printf("%d",3*5);                //输出算术表达式 3*5 的值
printf("sum=%f",sum);            //输出变量 sum 的值
printf("hello world! ");         //输出字符串 hello world!
```

**做一做**

编写 C 程序，输出 num=5 的平方。提示：求平方可以使用 num*num 获得。

**学一学**

（1）printf 函数的一般格式：

printf（"格式控制字符串"，输出项列表）;

（2）printf 函数的功能：按照"格式控制字符串"的要求，将输出项列表的值显示在屏幕上。格式控制串包含两类字符。

1）常规字符：包括可显示字符（原样输出）和转义字符（根据转义后的字符输出）。

2）格式说明符：以%开头的一个或多个字符，如我们见过的%d、%c、%f 等。其中，%后面的 d 、c 和 f 被称为格式转换字符。

（3）printf 函数规定，输出项列表中输出项的数据类型必须与格式说明符一致，否则会引起输出错误。如 char 型输出项使用%c， int 型输出项使用%d。表 2-11 列出了各种数据类型对应的格式转换符。

表 2-11　　　　　　　　　　　　　printf 函数中的格式转换字符

| 格式转换符 | 含　　义 | 举　　例 | 结　　果 |
| --- | --- | --- | --- |
| %d | 以十进制形式输出一个整型数据 | int a=65;<br>printf("%d",a); | 65 |
| %o | 以八进制形式输出一个无符号整型数据 | int a=65;<br>printf("%o",a); | 101 |
| %x 或%X | 以十六进制形式输出一个无符号整型数据 | int a=65;<br>printf("%x",a); | 41 |
| %u | 以十进制形式输出一个无符号整型数据 | int a=65;<br>printf("%u",a); | 65 |

续表

| 格式转换符 | 含　　义 | 举　　例 | 结　　果 |
|---|---|---|---|
| %c | 输出一个字符型数据 | char ch='z';<br>printf("%c",ch); | z |
| %s | 输出一个字符串 | printf("%s","abcd"); | abcd |
| %f | 以十进制小数形式输出一个浮点型数据 | float f=-12.3;<br>printf("f=%f",f); | f=-12.300000 |
| %e 或%E | 以指数形式输出一个浮点型数据 | float f=1234.8998;<br>printf("%e",f);<br>printf("%E",f); | 1.234900e+003<br>1.234900E+003 |

　　格式说明中，在%和上述格式字符间可以插入以下几种附加符号（又称为修饰符）。如表 2-12 所示。

表 2-12　　　　　　　　　　　　　printf 函数附加格式字符

| 字　　符 | 含　　义 |
|---|---|
| l | 对 long 型，如%ld；对 double 型，如%lf |
| h | 只用于将整型格式字符修正为 short 型，如%hd 等 |
| m | 数据最小宽度 |
| n | 对实数，表示输出的 n 位小数；对字符串，表示截取的字符个数 |
| − | 输出的数字或字符左对齐 |

**注　意**

　　m 和 n 分别代表一个正整数。

**试一试**

【例 2-12】 编写 C 程序，按指定格式输出整型变量 a、b 的值。

```
/*
    源文件名：ch2-12.c
    功能：输出整型变量的值
*/
#include <stdio.h>
void main()
{
    int a,b;
    a=3;b=4;
    printf("a=%d, b=%d\n",a,b);
}
```

运行结果如图 2-12（a）所示。

**讲一讲**

　　格式控制字符串"a=%d,b=%d\n"中，"a="和"b="都是普通字符（原样输出），"\n"是转义字符（换行），两个%d 是格式说明符，控制输出项的输出类型。格式控制符与输出列表项之间的对应关系如图 2-12（b）所示。

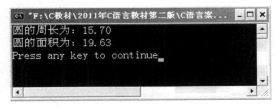

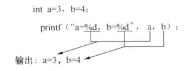

　　（a）［例 2-12］的运行结果图　　　　　　（b）格式控制符与输出列表项之间的对应关系

图 2-12　［例 2-12］效果图与示意图

试一试

【例 2-13】　整型数据的输出。

```
/*
    源文件名：ch2-13.c
    功能：整型数据的输出
*/
#include <stdio.h>
void main()
{
    int a=12;
    long b=2269978;
    printf("a=%d,a=%-6d,a=%6d\n",a,a,a);
    printf("b=%8ld\n",b);
    printf("%d,%o,%x,%u\n",a,a,a,a);
}
```

运行结果如图 2-13 所示。

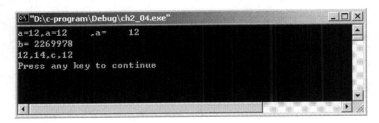

图 2-13　［例 2-13］运行结果

讲一讲

（1）第 1 个 printf 函数以不同的格式输出整型变量 a 的值。其中：

1）%d 表示按整数的实际长度输出；

2）%6d 表示变量 a 的输出占 6 位，左边补 4 个空格；

3）%-6d 表示以左对齐方式输出，共占 6 位，右边补 4 个空格；

（2）第 2 个 printf 函数输出长整型变量 b 的值，共占 8 位。

（3）第 3 个 printf 函数分别以十进制、八进制、十六进制和无符号方式输出整型变量 a 的值。

**试一试**

【例 2-14】 实型数据的输出。

```c
/*
    源文件名：ch2-14.c
    功能：实型数据的输出
*/
#include <stdio.h>
void main()
{
    float  x=1234.567;
    double  y=1234.5678;
    printf("%f,%lf\n",x,y);
    printf("%8.3f,%10.3lf\n",x,y);
    printf("%e\n",x);
}
```

运行结果如图 2-14 所示。

图 2-14 ［例 2-14］的运行结果

**讲一讲**

（1）第 1 个 printf 函数中虽然 x 的小数点后有 6 位数字，但因 x 是单精度数，只有 7 位有效数字，故最后 3 位数字是无效的。

（2）第 2 个 printf 函数输出 y 时小数点后保留 3 位，故进行四舍五入。

（3）第 3 个 printf 函数以指数方式输出实型变量 x 的值。

**做一做**

运行下列程序，观察其结果，体会有效数字和列宽问题。

```c
#include <stdio.h>
void main()
{
    float f=123.4567;
    double d1,d2;
    d1=1111111111111.111111111;
    d2=2222222222222.222222222;
    printf("%f,%12f,%-12f,%3.0f,%12.2f,%.2f\n",f,f,f,f,f,f);
    printf("d1+d2=%f\n",d1+d2);
}
```

**试一试**

【例 2-15】 字符型数据的输出。

```
/*
    源文件名：ch2-15.c
    功能：字符型数据的输出
*/
#include  <stdio.h>
void main()
{
    char ch='A';
    int i=65;
    printf("%c,%d\n",ch,ch);
    printf("%d,%c\n",i,i);
    printf("%-5c,%5c \n",ch,ch);
}
```

运行结果如图 2-15 所示。

图 2-15　［例 2-15］的运行结果

讲一讲

字符'A'的 ASCII 码值为 65，当它以十进制方式输出时为整数 65。同样，当整型变量 i 按照字符方式输出时，输出结果为 ASCII 码值等于 65 的字符'A'。

学一学

（1）在 C 语言中，整型数据可以用字符形式输出，字符数据也可以用整数形式输出。将整型数据用字符形式输出时，系统先求出该数与 256 的余数，然后将余数作为 ASCII 码，转换成相应的字符输出。

（2）%c 格式的其他控制方式与%d 类似。

试一试

【例 2-16】　字符串数据的输出。

```
/*
    源文件名：ch2-16.c
    功能：字符串数据的输出
*/
#include  <stdio.h>
void main()
{
    printf("%s,%10s,%5s\n","student","student","student");
    printf("%-10.5s,%10.5s\n","student","student");
}
```

程序运行结果如图 2-16 所示。

图 2-16　[例 2-16] 的运行结果

讲一讲

（1）第 1 个 printf 函数的格式串%5s 对应数据宽度不够字符串输出，故字符串 "student" 原样输出。

（2）第 2 个 printf 函数的格式串表示截取字符串的前 5 个字符，故输出结果为"stude"。

（3）系统输出字符和字符串时，不输出单引号和双引号。

### 2.4.2　格式化输入函数

试一试

【例 2-17】　编写 C 程序，输出从键盘输入的 3 个整型数据。

```
/*
    源文件名：ch2-17.c
    功能：输出从键盘输入的 3 个整型数据
*/
#include <stdio.h>
void main()
{
    int n1,n2,n3;
    printf("please enter three numbers:");
    scanf("%d,%d,%d",&n1,&n2,&n3);
    printf("n1=%d,n2=%d,n3=%d\n",n1,n2,n3);
}
```

程序运行结果如图 2-17 所示。

图 2-17　[例 2-17] 的运行结果

讲一讲

（1）scanf 函数中的双引号部分称为格式控制字符串。%d 用来表示十进制整数。本例通过 scanf 函数输入 3 个十进制整数，并依次保存到相应变量的内存单元。

（2）scanf 函数中&n1、&n2、&n3 的&表示该变量所在内存单元的地址。如果写成 scanf("%d,%d,%d",n1,n2,n3);是不正确的，虽然程序在编译时不会出错，但在运行时会出现内存写错误，从而导致程序的中断。

（3）scanf 函数中格式控制部分的 3 个%d 是以逗号间隔，因此，在输入 3 个整数时，也应以逗号进行分隔。如果将此句改为 scanf("%d%d%d",&n1,&n2,&n3); 输入数据时，应以一个或多个空格、Tab 键或"回车"键分隔。

（4）scanf 函数中格式控制部分如果有普通字符（包括转义字符），在输入时也应原样输入。如 scanf("n1=%d,n2=%d,n3=%d",&n1,&n2,&n3) 正确的输入操作为 n1=1,n2=2,n3=3✓。

### 🐟 做一做

如果将［例 2-17］的 scanf 函数修改成如下两种形式，怎样从键盘上输入数据，才能使 3 个变量获得正确的数据。

（1）scanf("%d%d%d",&n1,&n2,&n3);

（2）scanf("%d#%d#%d",&n1,&n2,&n3);

### 🌿 学一学

（1）scanf 函数的一般格式

scanf("格式控制字符串"，地址项列表);

（2）scanf 函数的功能：在格式控制字符串的控制下，接受用户的键盘输入，并将用户输入的数据依次存放在地址项列表所指定的变量中。

（3）&符号的功能是取地址。C 语言中，变量名被用来表示变量的值，要获得变量的地址（即变量在内存中的位置），需要在变量名前加上&符号。&被称为地址运算符，其后不能是表达式，因为表达式只有值没有地址。

### 🐾 试一试

【例 2-18】 编写 C 程序，输出从键盘输入的 3 个字符型数据。

```
/*
    源文件名：ch2-18.c
    功能：输出从键盘输入的 3 个字符型数据
*/
#include <stdio.h>
void main()
{
    char c1,c2,c3;
    printf("please enter three characters:");
    scanf("%c%c%c",&c1,&c2,&c3);
    printf("c1=%c,c2=%c,c3=%c\n",c1,c2,c3);
}
```

程序运行结果如图 2-18 所示。

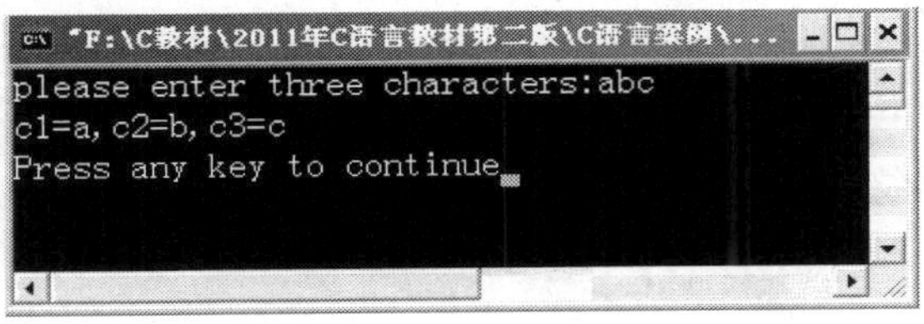

图 2-18　［例 2-18］的运行结果

**讲一讲**

（1）在使用%c 格式输入字符时，空格和"转义字符"都作为有效字符输入。例如，[例 2-18]中如果输入：a␣b␣c↙时，则字符 a 赋值给变量 c1，空格字符"␣"赋值给变量 c2，字符 b 赋值给变量 c3。

（2）在 [例 2-17] 和 [例 2-18] 中，scanf 函数前均有一个 printf 函数，此时的 printf 函数是输出用户输入数据的提示信息，提高了人机友好交互。

**做一做**

如果将 [例 2-18] 的 scanf 函数修改成 scanf("%c,%c,%c",&c1,&c2,&c3)，若想将字符 'a'、'b'、'c' 分别赋值给变量 c1、c2 和 c3，在键盘上又该如何输入？

**学一学**

（1）printf 函数中的格式说明符是用来控制对应输出项数据的输出，scanf 函数中的格式说明符是用来控制用户输入数据。不同的格式说明符要求用户输入不同形式的数据，表 2-13 列出了不同的格式转换符对输入的要求。

表 2-13　　　　　　　　　　　　　　　scanf 函数中的格式转换字符

| 格式转换符 | 对 输 入 的 要 求 |
| --- | --- |
| %d | 要求用户输入一个十进制有符号整型数据 |
| %o | 要求用户输入一个八进制无符号整型数据 |
| %x 或%X | 要求用户输入一个十六进制无符号整型数据 |
| %u | 要求用户输入一个十进制无符号整型数据 |
| %c | 要求用户输入一个字符型数据 |
| %f | 要求用户输入一个浮点型数据 |
| %e 或%E | 要求用户用指数形式输入一个浮点型数据 |

（2）和 printf 函数一样，scanf 函数可以在格式转换符和%之间插入一些辅助的格式控制字符。但 scanf 函数的附加格式控制符不如 printf 函数那样丰富。表 2-14 列出了不同的附加格式控制符。

表 2-14　　　　　　　　　　　　　　　scanf 函数附加格式字符

| 字　符 | 含　　义 |
| --- | --- |
| l | 对 long 型，如%ld；对 double 型，如%lf |
| h | 只用于将整型格式字符修正为 short 型，如%hd 等 |
| m | 指定输入数据列宽 |
| * | 表示对应输入量不赋给一个变量 |

*是一个抑制赋值字符，其作用是按格式说明读入数据不赋值给任何变量。例如

```
scanf("%2d%*2d%2d",&n1,&n2);
```

输入：1234567↙

系统将 12 赋给变量 n1，34 不赋给任何变量，56 赋给变量 n2。

**试一试**

【例 2-19】 运行下列程序，分析程序中出现的问题。

```
/*
    源文件名：ch2-19.c
    功能：为输入实型数据添加附加控制符
*/
#include <stdio.h>
void main()
{
    int n1;
    float n2;
    printf("please enter one integer:");
    scanf("%2d",&n1);
    printf("please enter one decimal:");
    scanf("%6.2f",&n2);
    printf("n1=%d,n2=%.2f\n",n1,n2);
}
```

程序运行结果如图 2-19 所示。

图 2-19 ［例 2-19］的运行结果

**讲一讲**

（1）使用 scanf 函数输入实数时不能规定精度。［例 2-19］中使用了%6.2f，所以变量 n2 保存的数据不正确。

（2）scanf 函数中的整型变量可以根据格式项中指定的列宽来分隔数据项。例如

```
scanf("%2d%2d%d",&n1,&n2,&n3);
```

输入：1234567↙

系统将 12 赋给变量 n1，34 赋给变量 n2，567 赋给变量 n3。

（3）使用 scanf 函数输入数据时，当遇到以下情况将结束一个数据的输入。

1）遇到"空格"、"回车"或"跳格"键时。

2）遇到列宽结束时。如"%2d"，只取两位数。

3）遇到非法输入时，例如

```
scanf("%d%c%f",&n1,&n2,&n3);
```

输入：123a456b.78↙

系统将数字 123 赋值给变量 n1，字母'a'赋值给变量 n2，456 赋值给变量 n3。

### 2.4.3　字符输入输出函数

🐾 试一试

【例 2-20】　getchar 和 putchar 函数的使用。

```
/*
    源文件名：ch2-20.c
    功能：getchar 和 putchar 函数的使用
*/
#include <stdio.h>
void main()
{
    char ch1,ch2;
    ch1='w';
    ch2=getchar();
    printf("输出字符为：\n");
    putchar(ch1);
    putchar(ch2);
    putchar('s');putchar('\n');
}
```

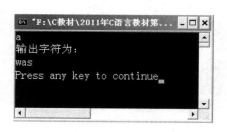

图 2-20　[例 2-20]的运行结果

程序运行结果如图 2-20 所示。

🔦 讲一讲

（1）ch2=getchar();等待用户从键盘上输入一个字符，按"回车"键后输入生效，并将该字符赋值给变量 ch2。

（2）getchar()函数只能接收一个字符，而不是一串字符。

（3）putchar()函数括号中的参数可以是一个变量，也可以是一个常量或一个转义字符。

（4）putchar()函数只能用于单个字符的输出。

（5）getchar()和 putchar()函数都包含在标准输入输出头文件（stdio.h）中。

🐾 学一学

（1）getchar()格式：getchar()

（2）getchar()函数的功能：从标准输入设备输入一个字符。

（3）putchar()格式：putchar（字符变量）或 putchar（字符常量）。

（4）putchar()函数的功能：在标准输出设备上输出一个字符。

## 2.5　C 语 言 的 语 句

学习目标

◆ 掌握 C 程序语句的类型

🔸 试一试

【例 2-21】　函数调用语句、复合语句的使用。

```c
/*
    源文件名：ch2-21.c
    功能：函数调用语句、复合语句的使用
*/
#include <stdio.h>
#include <stdlib.h>
void main()
{

    int a=10,b=20,s;
    printf("Welcome!");
    system("cls");                  //清屏
    {
        int a=30,c;                 //复合语句中定义的变量 a 只在复合语句中有效
        c=a*3;
        printf("复合语句内的输出：");
        printf("a=%d,c=%d\n",a,c);
    }
    s=a+b;                          //复合语句中变量 a 失效，变量 a=10
    printf("复合语句外的输出：");
    printf("a=%d,b=%d,s=%d\n",a,b,s);
}
```

程序运行结果如图 2-21 所示。

图 2-21　［例 2-21］的运行结果

🔸 讲一讲

（1）函数调用语句：由函数调用加分号组成的语句。

例如，`printf("Welcome!");` 和 `system("cls");` 都是函数调用语句。

（2）`system("cls")` 是清屏函数，其作用是将屏幕上位于此语句之前的所有输出清空。此函数包含在头文件 stdlib.h 中。stdlib.h 头文件即 standard library 标准库头文件，该文件包含了 C 语言标准库函数的定义，如 system()、exit() 等。

（3）复合语句中定义的变量只在复合语句中有效，而 main() 函数中定义的变量在整个 main() 中均有效，这就好比校规和班规的关系。

🔸 学一学

（1）C 语言规定，语句以分号"；"为结束标志。C 语言的语句从总体上可分为表达式语句、空语句、复合语句、函数调用语句及控制语句 5 种。

（2）表达式语句。表达式的后面加一个分号就构成了一个语句，最常用的表达式语句是赋值表达式组成的赋值语句，如 sum=num1+num2;。使用表达式语句，不仅仅是为了取得表达式的值，还可以利用表达式计算过程中产生的效果。C 语言中有使用价值的表达式语句主要有以下 3 种。

1）赋值语句，如 z=x+y;。

2）自增/自减运算符构成的表达式语句，如 i++;。

3）逗号表达式语句，如 a=1,b=2;。

（3）空语句。仅有一个分号的语句称为空语句。空语句被执行时，实际上什么也不做，在后面的章节中我们会看到它的特殊用途。

（4）复合语句。由一对花括号括起来的若干语句称为复合语句，又称为语句块。复合语句不以分号作为结束符，若复合语句的"}"后面出现分号，那不是复合语句的组成部分，而是单独的一个空语句。在复合语句起始部分可以有变量说明，例如，int a=30, c;，只是变量 a 和变量 c 的作用域范围只在该复合语句中有效。复合语句的"{ }"内可以有多个语句，但它整体上作为一条语句看待。

（5）函数调用语句。它是由一个函数调用加上一个分号组成的语句。例如

```
scanf("%2d%*2d%2d",&m,&n);
printf("x+y+z=%d\n",x+y+z);
putchar('\n');
```

以上 3 条语句均为函数调用语句。

## 2.6　编写简单 C 语言程序

初步掌握了 C 语言的常量、变量、表达式、语句及输入/输出函数后，我们就可以编写具有独立功能的程序了。

**学习目标**

◆ 了解结构化程序设计的 3 种基本结构

◆ 掌握顺序程序设计的方法

**试一试**

【例 2-22】　已知某学生课程 A 的平时成绩、实训成绩和期末考试成绩，求该学生课程 A 的总评成绩。其中总评成绩=平时成绩×20%+实训成绩×30%+期末成绩×50%。

```
/*
    源文件名：ch2-22.c
    功能：计算课程的总评成绩
*/
#include <stdio.h>
void main()
{
    int score1,score2,score3;
    float total;
    printf("请输入平时、实训、期末成绩，并以逗号分隔:\n");
```

```
    scanf("%d,%d,%d",&score1,&score2,&score3);
    total=score1*0.2+score2*0.3+score3*0.5;
    printf("这门课的总评成绩是:%.2f\n",total);
}
```

程序运行结果如图 2-22 所示。

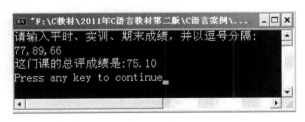

图 2-22　［例 2-22］的运行结果

🐝 讲一讲

（1）定义 3 个整型变量 score1、score2 和 score3，用于存放课程 A 的平时成绩、实训成绩和期末成绩；定义一个实型变量 total，用于存放总评成绩。

（2）使用 scanf()函数输入 3 个成绩。

（3）使用赋值语句计算总评成绩。

（4）使用 printf()函数输出总评成绩。

⚙ 做一做

模仿［例 2-22］编写 C 程序，从键盘输入某学生 3 门课的成绩，计算并输出该学生 3 门课的平均成绩。

🌱 学一学

（1）［例 2-22］程序的执行过程是按照源程序的书写顺序逐条执行的，这样的程序结构称为顺序结构。

（2）顺序结构在程序自上而下执行时，程序中的每一条语句都要执行一次，并且只执行一次，以这样固定的处理方式只能解决一些简单的问题。

（3）典型的顺序结构程序的处理流程通常包括数据的输入、数据的处理和计算结果的输出 3 个步骤。在设计顺序结构程序的过程中应主要解决以下几个问题。

1）分析程序中所需要的常量和变量，确定变量名称、变量类型和变量的初始值。例如，某班共有学生 33 名，其中优秀学生 11 名，计算全班学生的优秀率。假定 $n$ 代表优秀学生人数，$t$ 代表班级总人数，$p$ 代表优秀率。如下两种定义变量的方式将产生不同的结果，如表 2-15 所示。

表 2-15　　　　　　　　　　　定义不同类型的变量产生的结果

| | 变量 n 的数据类型 | 变量 t 的数据类型 | 变量 p 的数据类型 | 优秀率：p=n/t*100 结果 |
|---|---|---|---|---|
| 方式一 | int n=11 | int t=33 | float p | 0.000000 |
| 方式二 | float n=11 | float t=33 | int p | 33 |

从［例2-22］中看出，实际问题中的数据属性与程序处理中的数据属性一定要一致。

2）分析需要输入/输出数据的性质，确定输入/输出的方式。例如，一个学生的数据可以按照姓名、性别、年龄和成绩的顺序依次输出。

3）根据问题的要求，设计合理的数据处理方法。设计时要保证数据的准确性，充分利用已有的库函数。

**试一试**

**【例2-23】**　已知三角形的3个边长，计算三角形的面积。

```
/*
    源文件名：ch2-23.c
    功能：计算三角形的面积
*/
#include <stdio.h>
#include <math.h>
void main()
{

    float a,b,c,area,s;
    printf("请输入三角形3边长,之间用逗号分隔:\n");
    scanf("%f,%f,%f",&a,&b,&c);
    s=1.0/2*(a+b+c);
    area=sqrt(s*(s-a)*(s-b)*(s-c));
    printf("三角形3条边分别为：%6.2f,%6.2f,%6.2f\n",a,b,c);
    printf("组成的三角形面积为：%7.2f\n",area);
}
```

程序运行结果如图2-23所示。

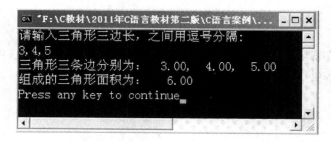

图2-23　［例2-23］的运行结果

**讲一讲**

（1）根据题意，程序中所用到的数据变量分析如表2-16所示。

表2-16　　　　　　　　　　　　　　［例2-23］中变量的定义

| 变量名 | 含义 | 数据类型 | 小数位数 | 数据来源 |
| --- | --- | --- | --- | --- |
| a、b、c | 边长 | float | 2 | 键盘输入 |
| s | 边长之和的一半 | float | 2 | 中间变量 |
| area | 面积 | float | 2 | 计算结果，输出 |

（2）求三角形的面积使用海伦公式：area=sqrt(s*(s–a)*(s–b)*(s–c))，其中 a、b、c 是三角形的 3 个边长，s 是三角形的半周长，s=(a+b+c)/2，area 用来存放三角形的面积值。

（3）程序中用到的 sqrt()为求平方根的函数，其函数原型位于 math.h 文件中，因此，在程序源文件的顶部应包含 math.h 文件。

**想一想**

程序运行时，如果输入的 3 个数据为 1,2,3↙ 运行结果会怎样？想一想应如何解决？（参见第 3 章）

**做一做**

模仿［例 2-23］编写 C 程序，提示通过键盘以实数形式输入一个房间的长和宽，计算并输出地板的面积，小数点后保留两位小数。

**试一试**

【例 2-24】 编写 C 程序，实现随机产生一道 100 以内的加法题，要求用户输入答案后，给出正确答案。

```
/*
    源文件名：ch2-24.c
    功能：随机数加法练习
*/
#include <stdio.h>
#include <time.h>
void main()
{
    int num1,num2,answer;
    srand(time(NULL));              //产生随机数种子
    num1=rand()%100;                //随机生成第一个加数
    num2=rand()%100;                //随机生成第二个加数
    printf("%d+%d=?",num1,num2);    //出题
    scanf("%d",&answer);            //用户回答
    printf("用户答案：%d+%d=%d\n",num1,num2,answer);
    printf("正确答案：%d+%d=%d\n",num1,num2,num1+num2);
}
```

程序运行结果如图 2-24 所示。

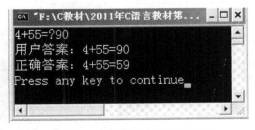

（a）［例 2-24］回答正确的运行结果图    （b）［例 2-24］回答错误的运行结果图

图 2-24 ［例 2-24］的运行结果

### 讲一讲

（1）根据题意，程序中所用到的数据变量分析如表 2-17 所示。

表 2-17 　　　　　　　　　　　　　　　[例 2-24] 中变量的定义

| 变量名 | 含义 | 数据类型 | 数据来源 |
| --- | --- | --- | --- |
| num1<br>num2 | 加数 | int | 随机产生 |
| answer | 用户计算和 | int | 用户输入 |

（2）函数 srand() 的功能：设置随机数种子，其函数原型包含位于头文件 time.h 中。因此，在程序源文件的顶部应包含 time.h 文件。

### 想一想

如何实现自动判断用户答案的正确性？（参见第 3 章）

### 做一做

你在销售一种产品，它有两个版本，第一种是标准版，价格为 3.50 美元，另一种是豪华版，价格为 5.50 美元。编写一个 C 程序，利用你所学过的知识，提示用户输入产品版本和数量，然后计算并输出对于这种数量的价格。

### 试一试

【例 2-25】 编写程序实现两数交换。

```
/*
    源文件名：ch2-25.c
    功能：交换两数
*/
#include  <stdio.h>
void main()
{
    int x,y,temp;                                //定义 3 个整型变量
    printf("请输入两个整数：");                   //提示信息
    scanf("%d,%d",&x,&y);                        //为 x、y 变量赋值
    printf("交换前变量的值: x=%d , y=%d\n",x,y);  //输出交换前变量的值
    temp=x;
    x=y;
    y=temp;                                      //实现两数交换
    printf("交换后变量的值: x=%d , y=%d\n",x,y);  //输出交换后变量的值
}
```

运行结果如图 2-25 所示。

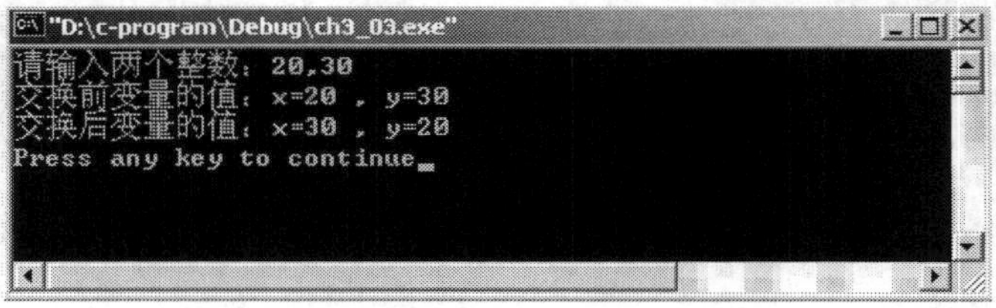

图 2-25 　[例 2-25] 的运行结果

讲一讲

（1）根据题意，程序中所用到的数据变量分析如表 2-18 所示。

表 2-18　　　　　　　　　　　　　　［例 2-25］中变量的定义

| 变量名 | 含　义 | 数据类型 | 数据来源 |
|---|---|---|---|
| x、y | 运算数 | int | 键盘输入 |
| temp | 存放临时数据 | int | 中间结果 |

（2）交换两数需要借助于第 3 个变量来完成，因此，定义 3 个同类型变量，两个变量用于存放运算数据，第 3 个变量用作存放临时数据。

（3）使用 3 个赋值语句实现两数交换。

想一想

（1）上面程序中变量 temp 能不能省掉？为什么？

（2）如果交换两个任意类型的数值，程序应如何修改？

试一试

【例 2-26】　编写程序实现输入一个 3 位正整数，输出它的逆序数（如 123 的逆序为 321）。

```
/*
    源文件名：ch2-26.c
    功能：三位正整数的逆序输出
*/
#include <stdio.h>
void main()
{
    int num1,num2;              //num1 用于存放逆序前的整数，num2 存放逆序后的整数
    int a1,a2,a3;               //a3 存放百位，a2 存放十位，a1 存放个位
    printf("请输入一个 3 位整数");
    scanf("%d",&num1);
    a3=num1/100;                //取出百位
    a2=num1%100/10;             //取出十位
    a1=num1%10;                 //取出个位
    num2=a1*100+a2*10+a3;       //组成逆序数
    printf("原 3 位数：%d\n",num1);
    printf("逆序后 3 位数：%d\n",num2);
}
```

运行结果如图 2-26 所示。

图 2-26　［例 2-26］的运行结果

**讲一讲**

（1）根据题意，程序中所用到的数据变量分析如表 2-19 所示。

表 2-19　　　　　　　　　　　　　　［例 2-26］中变量的定义

| 变量名 | 含　　义 | 数据类型 | 数据来源 |
| --- | --- | --- | --- |
| num1 | 一个 3 位数整数 | int | 键盘输入 |
| num2 | 逆序整数 | int | 计算结果 |
| a1、a2、a3 | 存放临时数据 | int | 中间结果 |

（2）采用取余运算与整除相结合的方法分离每位数字，百位用对 100 整除得到；十位用对 100 求余再对 10 整除得到；个位用对 10 求余得到，然后重新组合每位数字得到逆序数。

**做一做**

模仿［例 2-26］编写程序实现输入一个 3 位正整数，输出它的各位数字之和（如 123 的各位数字和为 1+2+3=6）。

# 2.7　知 识 扩 展

**学习目标**

◆　了解标识符的基本概念
◆　了解 C 语言常用的关键字
◆　了解 C 语言的编程规范

1．标识符

标识符是给程序中各种变量、函数、文件等起名字用的，有了名字才能方便地使用这些实体。C 语言对标识符命名有如下的规则。

（1）标识符必须以字母或下划线开头，后跟字母、数字或下划线组成的字符序列。

合法的标识符如 count、_getvalue、round_2 等。

不合法的标识符如 5_num、$200、a-b-c1 等。

（2）标识符不能和 C 语言中的关键字相同。

（3）虽然 C 语言中没有对标识符的长度进行限制，但是建议一般不要超过 31 个字符。

（4）C 语言是区分字母大小写的，所以 number 和 NUMBER 是不同的标识符。

2．关键字

关键字是指 C 语言中已经预先使用并赋予固定含义和用途的标识符，如 int 在 C 语言中被用来表示整型数据，这时就不能使用 int 来命名其他实体了。C 语言关键字见附录 B。

3．编程规范

（1）表达式比较复杂时，可以在运算符的两边各加一个空格，使源程序更加清晰。例如

```
total=s1*0.4+s2*0.3+s3*0.3;
age>=20&&sex=='m';
```

（2）输入数据前要加提示信息。例如

```
int num;
printf("请输入一个整数: ");
scanf("%d",&num);
```

（3）输出结果要有文字说明。例如

```
total=s1*0.4+s2*0.3+s3*0.3;
printf("总成绩为: %0.2f\n",total);
```

（4）语句末尾有分号。如果语句末尾无分号，系统在编译时会显示出错提示 synax error:missing';'before identifier 'ave'。表示由于前一语句漏分号引起语法错误。

## 2.8　课　后　练　习

**一、选择题**

1．C 语言中的基本数据类型包括_____。

    A．整型、实型、逻辑型　　　　　　B．整型、实型、字符型

    C．整型、字符型、逻辑型　　　　　　D．整型、实型、逻辑型、字符型

2．下列可以正确表示字符型常量的是_____。

    A．"a"　　　　　　B．'\t'　　　　　　C．"\n "　　　　　　D．297

3．若有定义 int m=7; float x=2.5, y=4.7;则表达式 x+m%3*(int)(x+y)%2/4 的值是_____。

    A．2.500000　　　　B．2.750000　　　　C．3.500000　　　　D．0.000000

4．表达式 13/3*sqrt(16.0)/8 的数据类型是_____。

    A．int　　　　　　B．float　　　　　　C．double　　　　　　D．不确定

5．假设所有变量均为整型，则表达式(x=2, y=5,y++, x+y)的值是_____。

    A．7　　　　　　B．8　　　　　　C．6　　　　　　D．2

6．以下程序段的输出结果是_____。

```
int a=12345;
printf("%2d\n", a);
```

    A．12　　　　　　B．34　　　　　　C．12345　　　　　　D．提示出错、无结果

7．有如下程序段

```
int  x1,x2;
char  y1,y2;
scanf("%d%c%d%c",&x1,&y1,&x2,&y2);
```

若要求 x1、x2、y1、y2 的值分别为 10、20、A、B，正确的数据输入是_____。（注，⊔代表空格）

    A．10A20B　　　　B．10⊔A20B　　　　C．10⊔A⊔20B　　　　D．10A20⊔B

8．有如下程序段，对应正确的数据输入是_____。

```
float x,y;
scanf("%f%f", &x, &y);
printf("a=%f,b=%f", x,y);
```

A．2.04✓
　　5.67✓

B．2.04, 5.67✓

C．a=2.04, b=5.67✓

D．2.055.67✓

9．有如下程序段，从键盘输入数据的正确形式应是_____。（注：⊔代表空格）

```
int  x,y,z;
scanf("x=%d,y=%d,z=%d",&x,&y,&z);
```

A．123

B．x=1, y=2, z=3

C．1, 2, 3

D．x=1⊔y=2⊔z=3

10．以下说法正确的是_____。

A．输入项可以为一个实型常量，如 scanf("%f",3.5);

B．只有格式控制，没有输入项，也能进行正确输入，如 scanf("a=%d,b=5d");

C．当输入一个实型数据时，格式控制部分应规定小数点后的位数，如 scanf("%4.2f",&f);

D．当输入数据时，必须指明变量的地址，如 scanf("%f",&f);

## 二、写出下列 printf 函数的输出结果

1．`printf("%10.4f\n",123.456789);`
2．`printf("%-10.4f\n",123.456789);`
3．`printf("%8d\n",1234);`
4．`printf("%-8d\n",1234);`
5．`printf("%10.5s\n","abcdefg");`

## 三、填空题

1．C 语言的语句分为_____、_____、_____、_____和_____。

2．表达式和表达式语句的区别是_____。

3．要想得到下列输出结果

```
a,b
A,B
97,98,65,66
```

请补充以下程序

```
#include <stdio.h>
void main()
{
    char c1,c2;
    c1='a';
    c2='b';
    printf("_____",c1,c2);
    printf("%c,%c\n",_____);
    _____;
}
```

## 四、运行下列程序，写出运行结果

1．
```
#include <stdio.h>
void main()
{
```

```
    char c1='a',c2='b',c3='c';
    printf("a%cb%cc%c\n",c1,c2,c3);
}
```

2. 
```
#include <stdio.h>
void main()
{
    int a=12,b=15;
    printf("a=%d%%,b=%d%%\n",a,b);
}
```

3. 假设程序运行时输入 12345678

```
#include <stdio.h>
void main()
{
    int a,b;
    scanf("%2d%*2d%d",&a,&b);
    printf("%d,%d\n",a,b);
}
```

## 五、分析下面的程序，指出错误的原因，并改正

```
#include <stdio.h>
void main()
{
    int a,b;
    float x,y;
    scanf("%d,%d\n",a,b);
    scanf("%5.2f,%5.2f\n",x,y);
    printf("a=%d,b=%d\n",a,b);
    printf("x=%d,y=%d\n",x,y);
}
```

## 六、编写程序

1. 现有变量 a=2、b=6、c=8、x=2.3、y=3.4、z=-4.8、c1='e'、c2='f'。试写出能得到以下输出格式和结果的程序。要求说明有关变量，通过赋值语句给变量赋值，并写出输出语句（注意空格的输出）。

```
a= 2 b= 6 c=8
x=2.300000, y=3.400000,z=-4.800000
x+y= 5.70  y+z=-1.40  z+x=-2.5
c1='e'  or  101(ASCII)
c2='f'  or  102(ASCII)
```

2. 编写 C 程序，提示从键盘上输入两个整数，计算并输出两数的和、差、积、商和余数。

3. 编写 C 程序，计算任意两点之间的距离。

求两点间距离的公式：$|AB|=\sqrt{(x_2-x_1)^2+(y_2-y_1)^2}$

【编程提示】

（1）变量定义：设定 5 个变量，变量名自拟，变量的类型应符合题目需要，例如，一个点的坐标可以用 $x_1$、$y_1$ 表示，另一个点的坐标可用 $x_2$、$y_2$ 表示，距离用 $d$ 表示，数据类型可定义为实型。

（2）输入两个点的坐标值：用 scanf()函数输入。

（3）利用数学公式计算距离：用赋值语句计算并保存结果。

（4）输出计算结果：用 printf()函数输出。

# 2.9 上 机 实 训

### 实训1 数据类型、变量和表达式

**【实训目的】**

（1）深入理解 C 语言数据类型的意义。

（2）掌握变量声明和初始化的意义和方法。

（3）掌握算术表达式、赋值表达式的运算。

**【实训内容】**

| 实训步骤及内容 | 题 目 解 答 | 完成情况 |
|---|---|---|
| 1. 分析下面 C 程序，找出其中的错误，并分析错误的原因（与实验中出现的信息进行对比）。<br><br>```c<br>#include <stdio.h><br>void main()<br>{<br>    int a=3,b=5,c=7,x=1,y;<br>    a=b=c;<br>    x+2=5;<br>    z=y+3;<br>}<br>``` | | |
| 2. 分析下面 C 程序，比较 x++与++x 的区别。<br><br>```c<br>#include <stdio.h><br>void main()<br>{<br>    int a=5,b=8;<br>    printf("a++=%d\n",a++);<br>    printf("a=%d\n",a);<br>    printf("++b=%d\n",++b);<br>    printf("b=%d\n",b);<br>}<br>``` | | |
| 3. 编写 C 程序，测试字符型数据的算术特征。<br><br>```c<br>char c1=35,c2='A',c3;<br>c3=c1+c2;<br>printf("%d,%c\n",c3,c3);<br>``` | | |
| 4. 编写 C 程序，测试在程序中数据溢出带来的问题。<br><br>```c<br>int a=2000000000,b=2000000001;<br>printf("%d",a+b);<br>``` | | |
| 5. 编写 C 程序，测试整数除法的危险性。<br><br>```c<br>int a=5,b=7,c=100,d,e,f;<br>d=a/b*c;<br>e=a*c/b;<br>f=c/b*a;<br>``` | | |

| 实训步骤及内容 | 题　目　解　答 | 完成情况 |
|---|---|---|
| 6. 编写 C 程序，测试一个表达式中不同类型数据混合运算出现的问题。<br>`int a=3,b=5;`<br>`char c='w';`<br>`double d=1234.5678;`<br>比较下面两个语句的结果有什么不同？<br>`printf("%f\n",c+d*b/a);`<br>`printf("%f\n",c+d*(b/a));` | | |
| 实训总结：<br>分析讨论如下问题：<br>（1）变量声明和初始化的意义。<br>（2）赋值运算的特点。<br>（3）总结数据类型的意义。<br>（4）总结数据类型转换时，所发生的变化。<br>（5）整数除法有什么危险，如何避免 | | |

### 实训 2　格式化输出函数的使用

【实训目的】

掌握使用 printf() 函数进行格式化输出的方法。

（1）格式说明符与数据项类型之间的对应关系。

（2）转义字符在格式控制中的用法。

（3）计算顺序依赖于编译器及其克服的方法。

【实训内容】

| 实训步骤及内容 | 题　目　解　答 | 完成情况 |
|---|---|---|
| 1. 设计一个 C 程序，测试 printf() 函数中格式说明符的意义及其与数据项的对应关系。<br>`int a=123;`<br>`double b=123456789.234567;`<br>`printf("a=%lf,b=%d\n",a,b);` | | |
| 2. 设计一个 C 程序，测试 printf() 函数定义域宽与精度的方法，要能验证以下情况。<br>（1）域宽小于实际宽度时的情况。<br>（2）默认的域宽与精度各是多少。<br>（3）精度说明大于、小于实际精度时的处理。<br>（4）float 和 double 的最大精度。<br>（5）符号位的处理方式。<br>（6）多余的小数是被截取还是舍入 | | |
| 3. 编写 C 程序，测试在所使用的系统中 printf() 函数数据参数被引用的顺序。<br>`int a=1;`<br>`printf("%d,%d,%d\n",++a,++a,++a);` | | |

| 实训步骤及内容 | 题 目 解 答 | 完成情况 |
|---|---|---|
| 实训总结:<br>分析讨论如下问题:<br>(1)总结在 printf()函数中可以使用的各种格式说明符,并给出示例。<br>(2)总结如何避免计算顺序依赖编译器所带来的副作用。 | | |

### 实训 3　格式化输入函数的使用

**【实训目的】**

掌握使用 scanf()函数进行格式化输入的方法。

(1)数据项参数必须是变量的地址。

(2)格式说明符和数据项类型之间的对应性。

(3)对格式控制中普通字符的处理。

(4)数值数据间的分隔。

(5)用于字符输入的问题及其对策。

**【实训内容】**

| 实训步骤及内容 | 题 目 解 答 | 完成情况 |
|---|---|---|
| 1. 设计一个 C 程序,测试数据项参数必须是变量的地址。<br><br>`int a;`<br>`scanf("%d",a);` | | |
| 2. 设计一个 C 程序,测试格式说明符与数据项类型的对应关系。<br><br>`int a;`<br>`double b;`<br>`scanf("%lf,%d",&a,&b);`<br>`printf("%d,%lf",a,b);` | | |
| 3. 设计一个 C 程序,测试 scanf()函数的格式控制符中普通字符的处理方法。<br><br>`int a;`<br>`double b;`<br>`scanf("a=%d,b=%lf",&a,&b);`<br>`printf("%d,%lf",a,b);` | | |
| 4. 设计一个 C 程序,测试用 scanf()函数输入多个数值时,数据项之间的分隔方法:<br>(1)使用默认分隔符:空格、跳格符('\t')、换行符('\n')<br>(2)根据格式项中指定的域宽分隔出数据项。<br>(3)当输入数据的数据类型与格式说明符要求不符时,就认为这一数据项结束。<br>(4)格式控制符字符串中的普通字符处理。<br><br>`int a,b;`<br>`char c;` | | |

| 实训步骤及内容 | 题　目　解　答 | 完成情况 |
|---|---|---|
| ```c float d; scanf("%d%d%f",&a,&b,&c); scanf("%2d%3d%4f",&a,&b,&d); scanf("%d%c%f",&a,&c,&d); scanf("input:%d$$$%d",&a,&b); ``` | | |
| 5. 运行下列 C 程序，测试使用 scanf()函数输入含有字符型数据的多个项时，数据项间的分隔问题。<br><br>```c #include <stdio.h> void main() {     char c1,c2,c3;     scanf("%c",&c1);     scanf("%c",&c2);     scanf("%c",&c3);     printf("%c%c%c\n",c1,c2,c3);     scanf("%c%c%c",&c1,&c2,&c3);     printf("%c%c%c\n",c1,c2,c3); } ``` | | |
| 实训总结：<br>分析讨论如下问题：<br>（1）总结 scanf()函数中可以使用的各种格式说明符，并给出示例。<br>（2）总结 scanf()函数格式控制符中普通字符的处理方法。<br>（3）总结输入数值型数据时，数据项之间的分隔处理。<br>（4）字符输入问题的特殊处理 | | |

# 第3章  C语言的选择结构

第2章学习了如何在程序中进行简单的计算处理。本章中，你将极大地扩展编写程序的范围，并大大增加它们的灵活性。你将得到一种强大的程序设计工具，即对比表达式的值，根据比较结果选择执行哪一条语句。这就意味着你可以控制程序中语句的执行顺序。迄今为止，程序中的所有语句都是严格地按照先后顺序执行的。本章将改变语句的执行顺序。

结构化程序设计采用3种基本控制结构：顺序结构、选择结构和循环结构。第2章我们已经学习了顺序结构，本章将学习选择结构。

## 3.1  选择结构中的运算符及其表达式

> 学习目标
> ◆ 理解关系运算符、逻辑运算符和条件运算符及其优先级
> ◆ 熟练使用运算符及其表达式

### 3.1.1  关系运算符和关系表达式

进行选择判断需要一种对比机制。这将涉及一些新的运算符。由于处理的是数字，数值比较就是进行选择判断的基础。

**试一试**

【例3-1】  区分关系运算符"=="和赋值运算符"="。

```
/*
    源文件名：ch3-1.c
    功能：区分"=="和"="
*/
#include <stdio.h>
void main()
{
    int a,b,c1,c2;
    a=6;b=6;
    c1=(a=b);
    c2=(a==b);
    printf("c1=%d,c2=%d\n",c1,c2);
}
```

运行结果如图3-1所示。

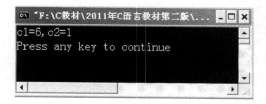

图3-1 ［例3-1］的运行结果

**讲一讲**

（1）表达式 c1=(a=b)的作用：先将 b 的值赋值给 a，再把赋值表达式的值赋值给变量 c1，所以 c1=6。

（2）表达式 c2=(a==b)的作用：先判断 a 和 b 的值是否相等，再把比较的结果赋给变量 c2,所以 c2=1。

**做一做**

编程计算表达式 2+4==6*(2!=1)的结果。

**学一学**

（1）关系运算规则：两个操作数进行比较，若条件满足，则结果为 1（真）；否则结果为 0（假）。关系运算符及其示例如表 3-1 所示。

表 3-1　　　　　　　　　　关系运算符及其示例

| 运算符 | 名　称 | 运算规则 | 运算对象 | 运算结果 | 举　　例 | 表达式值 |
|---|---|---|---|---|---|---|
| < | 小于 | 满足则为真，结果为 1，不满足则为假，结果为 0 | 整型、字符型或实型 | 逻辑值（1 或 0） | a=3;b=4;a<b; | 1 |
| <= | 小于等于 | | | | a=3;b=4;a<=b; | 1 |
| > | 大于 | | | | a=3;b=4;a>b; | 0 |
| >= | 大于等于 | | | | a=3;b=4;a>=b; | 0 |
| == | 等于 | | | | a=3;b=4;a==b; | 0 |
| ! = | 不等于 | | | | a=3;b=4;a! =b; | 1 |

（2）当多种运算符在一个表达式中同时使用时，要注意运算符的优先级，防止记错运算符优先级的最好方法是适当添加圆括号。关系运算符的优先级低于算术运算符。

（3）由关系运算符与操作数构成的表达式就是关系表达式。其一般形式为

表达式 1　关系运算符　表达式 2

例如，a>(b>c)、a=(c==d)等。

**做一做**

执行下列 C 程序，分析运行结果。

```c
#include <stdio.h>
void main()
{
    int x,y,z,i,j;
    x=4,y=3,z=2;
    i=y>z;
    j=x>y>z;
    printf("%d,%d,",i,j);
    printf("%d,",z>y==3);
    printf("%d,",y+z<x);
    printf("%d\n",y+2>=z+1);
}
```

**想一想**

C 语言中的 *x>y>z* 与数学式 *x>y>z* 有何不同？

### 3.1.2　逻辑运算符和逻辑表达式

有时执行一个检验，并不足以进行选择判断。可能需要把两个或更多检验的结果组合在

一起，如果它们都为 true，就执行某种操作。

**试一试**

【例 3-2】 逻辑运算。

```
/*
    源文件名：ch3-2.c
    功能：逻辑运算
*/
#include <stdio.h>
void main()
{
    int a=10,b=30;
    printf("%d  ",(a==0)&&(a=5));
    printf("a=%d\n",a);
    printf("%d  ",(b>=20)||(b=15));
    printf("b=%d\n",b);
}
```

图 3-2 ［例 3-2］的运行结果

值为真，不再处理右侧 b=15。

运行结果如图 3-2 所示。

**讲一讲**

（1）在表达式(a==0)&&(a=5)中，由于 a==0 的值为假（0），按照&&运算规则，左边运算结果为假，其值为假，不再处理右侧 a=5。

（2）在表达式(b>=20)||(b=15)中，由于 b>=20 的值为真（1），按照||运算规则，左边运算结果为真，其

**做一做**

执行下列程序，分析运行结果。

```
#include  <stdio.h>
void main()
{
    int x,y,z;
    x=y=z=1;
    ++x||++y&&++z;                   //因为||是短路运算符，++y 和++z 均不执行
    printf("x=%d,y=%d,z=%d\n",x,y,z);
    x=y=z=1;
    ++x&&++y||++z;                   //||运算的左边逻辑与表达式的值为 1，故++z 不执行
    printf("x=%d,y=%d,z=%d\n",x,y,z);
    x=y=z=1;
    ++x&&++y&&++z;                   //短路运算符在这里没起作用，++x、++y 和++z 均执行
    printf("x=%d,y=%d,z=%d\n",x,y,z);
}
```

**学一学**

（1）用逻辑运算符连接操作数组成的表达式称为逻辑表达式。逻辑表达式的值只有真和假两个值。当逻辑运算的结果为真时，用 1 作为表达式的值；当逻辑运算的结果为假时，用

0 作为表达式的值。逻辑运算符及其示例如表 3-2 所示。

**表 3-2**　　　　　　　　　　　**逻辑运算符及其示例**

| 运算符 | 名　称 | 运算规则 | 运算对象 | 运算结果 | 举　　例 | 表达式值 |
|---|---|---|---|---|---|---|
| ! | 非 | 逻辑非 | 整型、字符型或实型 | 逻辑值（1 或 0） | a=3;!a; | 0 |
| && | 与 | 逻辑与 | | | a=0;b=4;a&&b; | 0 |
| ‖ | 或 | 逻辑或 | | | a=0;b=4;a‖b; | 1 |

（2）除了逻辑非外，逻辑运算符的优先级低于关系运算符。但逻辑非运算符比较特殊，它的优先级高于算术运算符。

（3）&&和‖是短路运算符。在一个或多个&&相连的表达式中，只要有一个操作数为零，就不做后面的&&运算，整个表达式的结果为零。如表达式 x&&y&&z，若 x 的值为零，则不需要判定 y 和 z，立即可判定整个表达式的值为零。而由一个或多个‖ 连接而成的表达式中，只要碰到第一个不为零的操作数，就不再进行后续运算，整个表达式的结果不为零。如表达式 x‖y‖z，若 x 的值不为零，则不需要判定 y 和 z，立即可判定整个表达式的值不为零。

### 3.1.3　条件运算符和条件表达式

🛹 **试一试**

【**例 3-3**】　求解条件表达式的值。

```
/*
    源文件名：ch3-3.c
    功能：条件表达式求值
*/
#include <stdio.h>
void main()
{
    int a,b,max;
    a=6;b=10;
    max=(a>b?a:b);
    printf("max=%d\n",max);
}
```

运行结果如图 3-3 所示。

🎓 **学一学**

（1）条件运算符为？：是 C 语言中唯一的一个三目运算符，由条件运算符组成的式子称为条件表达式，其一般形式为

　　表达式 1? 表达式 2: 表达式 3

其求值过程：先计算表达式 1 的值，如果为

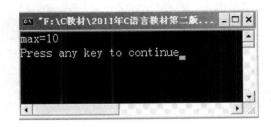

图 3-3　［例 3-3］的运行结果

真（非零），则整个表达式的值为表达式 2 的值，否则为表达式 3 的值。条件表达式通常用于赋值语句中。

（2）条件运算符优先级低于算术运算符，但高于赋值运算符。条件运算符"？"和"："

是一对运算符，不能分开单独使用。

（3）C语言运算符的优先级见附录C。

## 3.2　if　语　句

学 习 目 标

◆ 掌握单分支if语句及其应用
◆ 掌握双分支if语句及其应用
◆ 掌握多分支if语句及其应用

### 3.2.1　单分支if语句

试一试

【例3-4】　使用单分支if语句，输出两个整数的最大值。

```
/*
    源文件名：ch3-4.c
    功能：求两个整数的最大数
*/
#include <stdio.h>
void main()
{
    int  num1,num2,max;
    printf("请输入两个整数：");
    scanf("%d,%d",&num1,&num2);
    if(num1>num2)max=num1;
    if(num1<=num2)max=num2;
    printf("两个数中的最大数为：%d\n",max);
}
```

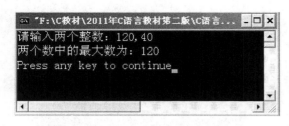

图3-4　［例3-4］的运行结果

运行结果如图3-4所示。

讲一讲

（1）第一个if语句判断num1是否大于num2，若num1>num2，则将max的值置为num1的值。第二个if语句判断num1是否小于等于num2,若num1<=num2，则将max的值置为num2的值。

（2）if（表达式）中的表达式必须用圆括号括起来，不能省略。表达式可为关系表达式，也可以使用逻辑表达式，还可以是一个常量或一个变量。如if(3)或if(num)等。

做一做

编写程序：从键盘上输入一个正整数，如果该数不是3的倍数，则输出该数。

【提示】　该数不是3的倍数：该数不能被3整除，即该数同3的余数不等于0。

🎓 **学一学**

（1）使用条件语句可以构成选择结构。它根据给定表达式的值进行条件判断，以决定执行某个程序段，if 语句的形式有 3 种，本节先介绍最简单的单分支选择结构，其一般形式为

if（表达式）语句；

（2）if 语句的执行过程：如果表达式为真，执行其后的语句；否则不执行其后的语句。执行过程如图 3-5 所示。

（3）当表达式之后的语句多于一条时，应使用大括号括起来，例如

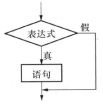

图 3-5　单 if 形式的流程图

```
if(x>y)
{m=x;printf("m=%d",m);}
```

🎓 **想一想**

如何修改做一做程序，完成将 5 或 7 的倍数的正整数输出？

### 3.2.2　双分支 if 语句

🎓 **试一试**

【例 3-5】　使用双分支 if 语句，输出两个整数的最大值。

```
/*
    源文件名：ch3-5.c
    功能：求两个整数的最大数
*/
#include <stdio.h>
void main()
{
    int  num1,num2,max;
    printf("请输入两个整数：");
    scanf("%d,%d",&num1,&num2);
    if(num1>num2)
        max=num1;
    else
        max=num2;
    printf("两个数中的最大数为：%d\n",max);
}
```

运行结果如图 3-4 所示。

🎓 **讲一讲**

与［例 3-4］程序相比，［例 3-5］程序只是将第二个 if 语句修改，使用了 if-else 语句计算最大值。

🎓 **做一做**

编写程序：判断从键盘上输入的正整数是奇数还是偶数，并在显示器上输出信息。

【提示】　判断奇偶：只需判断该数同 2 的余数是否为零。

### 学一学

（1）双分支 if 语句的一般形式为

if（表达式）

　　语句 1；

else

　　语句 2；

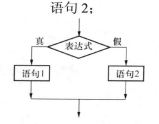

图 3-6　if-else 形式的流程图

（2）双分支 if 语句的执行过程：如果表达式为真，执行语句 1；否则执行语句 2。执行过程如图 3-6 所示。

（3）当语句 1 或语句 2 多于一条语句时，应使用大括号括起来。

（4）使用 if 语句时，不要随意加分号，否则会造成语法错误。例如，下面两种形式都是错误的。

形式一
```
if(num1>60);    //此处分号不正确
    printf("A\n");
else
    printf("B\n");
```

形式二
```
if(num1>60)
        printf("A\n");
else;            //此处分号不正确
        printf("B\n");
```

### 做一做

编写程序实现下述功能：求分段函数的值。

$$f(x) = \begin{cases} 0 & x < 0 \\ 2x+1 & x \geq 0 \end{cases}$$

【提示】　通过判断从键盘输入的 $x$ 值，求出对应表达式的值。其中 $x$ 的值应为实型数据，由于 $f(x)$ 是一个不正确的变量名，所以应为其取正确的名称。

### 试一试

【例 3-6】　编写 C 程序实现下述功能：判断某一年是否为闰年。

```
/*
    源文件名：ch3-6.c
    功能：判断闰年
*/
#include <stdio.h>
void main()
{
    int  year;                              //定义一个整型变量存放年号
    printf("请输入年号：");                   //提示信息
    scanf("%d",&year);                      //为 year 变量赋值
    if((year%4==0)&&(year%100!=0)||(year%400==0))
        printf("%d 年是闰年\n",year);
    else
        printf("%d 年不是闰年\n",year);
}
```

运行结果如图 3-7 所示。

（a）输入年号是闰年                （b）输入年号不是闰年

图 3-7  ［例 3-6］可能出现的两种运算结果

 **想一想**

如果判断是平年，应该如何修改上述程序中的条件表达式？

**讲一讲**

（1）判断某年为闰年有如下两种情况。

1）该年的年号能被 4 整除但不能被 100 整除；

2）该年的年号能被 400 整除。

（2）假定在程序中使用整型变量 year 表示年号，上述两种情况的条件表达式可以表示为

```
(year%4==0)&&(year%100!=0)||(year%400==0)
```

当表达式的值为真时则该年为闰年，否则不是闰年。

**做一做**

编写程序：输入 3 个边长 $a$、$b$、$c$，对构成三角形的条件进行判断，满足三角形构成条件的求出三角形的面积。

【提示】 三角形构成的条件是任意两边之和大于第三边；使用第 2 章提到的海伦公式计算三角形面积。

### 3.2.3  多分支 if 语句

**试一试**

【例 3-7】 编写 C 程序。从键盘上输入一个字符，识别输入字符的类型：大写、小写、数字或其他字符。

```c
/*
    源文件名：ch3-7.c
    功能：判断字符类型
*/
#include <stdio.h>
void main()
{
    char ch;                        //定义一个字符型变量
    printf("请输入一个字符：");      //提示信息
    scanf("%c",&ch);                //为 ch 变量赋值
    if(ch>='0' && ch<='9')
        printf("这是一个数字\n");
    else if(ch>='A' && ch<='B')
        printf("这是一个大写字母\n");
```

```
    else if(ch>='a'  &&  ch<='z')
        printf("这是一个小写字母\n");
    else
        printf("这是一个其他字符\n");
}
```

运行结果如图 3-8 所示。

（a）输入数字　　　　　　　　　　　　　　　（b）输入字母

图 3-8　［例 3-7］可能出现的两种运算结果

**讲一讲**

（1）根据输入字符的 ASCII 码值来判别从键盘上输入字符的类型。由 ASCII 码表可知 ASCII 码值小于 32 的为控制字符。在'0'和'9'之间的为数字，在'A'和'Z'之间的为大写字母，在'a'和'z'之间的为小写字母，其余的为其他字符。

（2）这是一个多分支选择的问题，使用 if-else-if 语句编写程序，判断输入字符 ASCII 码值所在的范围，给出不同的输出。

**想一想**

如果将条件式中的字符常量使用相应的 ASCII 码值替换，程序是否能正确运行？应如何修改程序？

**做一做**

编写 C 程序：从键盘上输入一个 1～7 的数字，在显示器上输出星期一至星期天的中文或英文单词。

**学一学**

（1）if-else-if 语句的一般形式为

if（表达式 1）　　　　语句组 1
else　if（表达式 2）　　语句组 2
else　if（表达式 3）　　语句组 3
　　　　　　…
else　if（表达式 $n$）　　语句组 $n$
else　语句组 $n+1$

（2）多分支 if 语句的执行过程：依次求解表达式的值，并判断其值，当某个表达式的值为真，则执行其后对应的语句组。然后跳过剩余的 if 语句组，执行后续程序。如果所有表达式的值均为假，则执行最后一个 else 语句组 $n+1$，然后再执行后续程序。执行过程如图 3-9 所示。

例如

```
if(number>500)cost=0.15;
else if(numbe>300)cost=0.10;
else if(number>100)cost=0.075;
else if(number>50)cost=0.05;
else            cost=0;
```

（3）说明：

1）if 后面的括号不能省略。

2）if 语句中的表达式可以是任何类型，一般情况下使用关系表达式或逻辑表达式。表达式非零时，表达式的逻辑值就是真，否则就是假。下面程序的功能是当 x 非零时，输出 C Program。

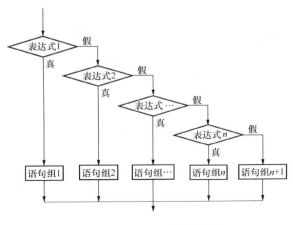

图 3-9　if-else-if 形式流程图

```
if(x)printf("C Program");   //等价于 if(x!=0)printf("C Program");
```

3）else 语句是 if 语句的子句，它是 if 语句的一部分。else 子句不能作为一个语句单独使用。

4）如果语句多于一条，即两条和两条以上时，应使用花括号{}将其括起来，成为一个复合语句；只有一条语句时，可以不使用花括号{}。但是为了提高程序的可读性和防止程序的书写错误，建议读者在 if 和 else 之后的语句不管有多少，都应加上花括号{}。

## 3.3　switch 语 句

**学 习 目 标**

◆ 掌握 switch 语句的一般用法
◆ 掌握 break 语句的用法

**试一试**

【例 3-8】　使用 switch 语句编写 C 程序，根据成绩打印出等级。

```
/*
    源文件名：ch3-8.c
    功能：输出成绩等级
*/
#include <stdio.h>
void main()
{
    float score;
    int cj;
    printf("请输入一个百分制成绩：");
    scanf("%f",&score);
    cj=score/10;
    switch (cj)
    {
```

```
      case  10:
      case  9: printf("优秀\n");break;
      case  8:
      case  7: printf("良好\n");break;
      case  6: printf("及格\n");break;
      case  5:
      case  4:
      case  3:
      case  2:
      case  1:
      case  0: printf("不及格\n");break;
      default: printf("成绩输入错误! \n");
   }
}
```

图 3-10　［例 3-8］的运行结果

运行结果如图 3-10 所示。

### 讲一讲

（1）要想完成根据成绩输出等级的功能，必须先定义一个存放成绩的实型变量 score，并且通过 score/10，将其定位在一个区间的取值点上。

（2）switch 仅能判断一种逻辑关系，即<表达式>的值和指定的常量值是否相等。它不能进行大于、小于某个值的判断，不能表达区间的概念。

### 做一做

在运行程序时，若输入成绩为 –9～–1 时，屏幕显示"不及格"；若输入成绩为 101～109 时，屏幕显示"优秀"，为什么？应如何修改程序？

### 想一想

if-elseif 语句和 switch 语句都能完成多分支的功能，两者之间能否完全替代？请举例说明。

### 学一学

（1）switch 语句的一般形式为

switch（表达式）
{
　　　case　常量 1：语句组 1；break；
　　　case　常量 2：语句组 2；break；
　　　　　　　　　…
　　　case　常量 $n$：语句组 $n$；break；
　　　default：　　语句组 $n$+1；break；
}

（2）switch 语句的执行过程：先计算表达式的值，并逐个与 case 后的常量比较，当表达式的值与某个常量的值相等时，执行对应该常量后面的语句组。如果表达式的值与所有 case

之后常量的值均不相等，则执行 default 之后的语句组。

使用 switch 结构设计多分支选择结构程序，可使程序的可读性更高。执行过程如图 3-11 所示。

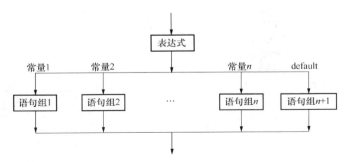

图 3-11　switch 语句流程图

例如，输入一个数字 1～7，输出对应星期的程序段

```
switch(week)
{
    case  1: printf("星期一\n "); break;
    case  2: printf("星期二\n "); break;
    case  3: printf("星期三\n "); break;
    case  4: printf("星期四\n "); break;
    case  5: printf("星期五\n "); break;
    case  6: printf("星期六\n "); break;
    case  7: printf("星期日\n "); break;
    default: printf("输入错误!\n"); break;
}
```

（3）说明：

1）switch 后面圆括号内的表达式，可以是整型表达式、字符型表达式或枚举型表达式。

2）switch 语句结构的执行部分是由一些 case 子句和一个默认的 default 子句组成的复合语句，必须用一对花括号括起来。

3）每一个 case 后面常量的值都要互不相同，不然就会出现同一个条件有多种执行方案的矛盾。

4）每一个 case 出现的次数不影响执行结果。例如，可以先出现"case　6:…"，然后是"case　1:…"。

5）case 和 default 后面常量仅起语句标号作用，并不进行条件判断。当表达式的值和某个 case 后面常量的值相等时，则执行该 case 后面的语句组，直到遇到 break 语句为止。如果所有 case 后面常量的值都和表达式的值不匹配，则执行 default 后面的语句组直到 break 语句；如果没有 default，则什么都不执行，直接执行 switch 的后续语句。

6）当表达式的值和某个 case 后面常量的值相等时，程序将从该 case 后面的语句开始执行，以后不再进行其他 case 的条件判断。所以每一个 case 和 default 之后的语句组后面都应该加上 break 语句，以便程序执行完每一种情况后能结束 switch 语句。如果不加，则会出现异常错误。例如，将上面程序段修改如下

```
switch(week)
{
    case  1: printf("星期一\n");
    case  2: printf("星期二\n");
    case  3: printf("星期三\n");
    case  4: printf("星期四\n");
    case  5: printf("星期五\n");
    case  6: printf("星期六\n");
    case  7: printf("星期日\n");
    default: printf("输入错误!\n");
}
```

若输入变量 week 的值为 1，则将连续输出

星期一

星期二

星期三

星期四

星期五

星期六

星期日

输入错误！

7）最后一个分支可以不加 break 语句。

8）多个 case 可以共用一组执行语句，例如

```
switch(week)
{
    case  1:
    case  2:
    case  3:
    case  4:
    case  5:
    case  6:
    case  7: printf("输入了正确的星期\n");
    default: printf("输入错误!\n");
}
```

week 的值为 1、2、3、4、5、6、7 时都执行同一组语句。

## 3.4　知　识　扩　展

**学 习 目 标**

◆　理解三种程序控制结构的流程

◆　了解 if 嵌套

1. C 语言程序的控制结构

在第 1 章中，我们已经学习了算法的概念，算法就是程序处理数据的流程。描述算法可以使用自然语言描述，虽然自然语言描述通俗易懂，但文字冗长，容易出现语言歧义。描述

算法还有另外一种方式即流程图表示方式，流程图利用一些图框来表示各种操作，直观形象，简单易懂。流程图使用的图形符号见表 3-3。

表 3-3　　　　　　　　　　　流 程 图 图 形 符 号

| 图形符号 | 名　称 | 代 表 的 操 作 |
|---|---|---|
| ▱ | 输出/输入 | 数据的输入与输出 |
| ▭ | 处理 | 各种形式的数据处理 |
| ◇ | 判断 | 判断选择，根据条件满足与否选择不同的路径 |
| ▭ | 起止 | 流程的起点与终点 |
| ▯▯ | 特定过程 | 一个定义过的过程，如函数 |
| ——→ | 流程线 | 连接各个图框，表示执行顺序 |
| ◯ | 连接点 | 表示与流图其他部分相连接 |

任何算法都包含 3 种控制结构：顺序结构、选择结构和循环结构。

（1）顺序结构。如图 3-12 所示，所谓顺序结构是指执行完 A 才执行 B。顺序结构是最简单的控制结构。

（2）选择结构，又称分支结构。如图 3-13 所示，选择结构必须包含一个条件判断框。当条件 P 成立时，执行 A，否则执行 B。

（3）循环结构。如图 3-14 所示。图 3-14（a）为先判断条件 P，为真执行语句，如此反复，否则退出循环。图 3-14（b）先无条件地执行一次语句，再判断条件 P，为真继续执行语句，如此反复，否则退出循环。

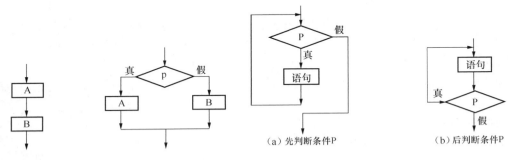

图 3-12　顺序结构　　　　图 3-13　选择结构　　　　图 3-14　循环结构

以上 3 种结构的共同特点：①只有一个入口；②控制结构内的每一部分都有机会被执行。

2．if 嵌套

一个 if 语句中又包含一个或多个 if 语句（或者说 if 语句中的执行语句本身又是 if 结构的语句）称为 if 语句的嵌套。当程序进入某个分支后又引出新的选择时，就要使用嵌套的 if 语句。嵌套 if 语句的标准格式为

if（表达式 1）

　　　if（表达式 2）
　　　　　语句 1
　　　else
　　　　　语句 2
　　else
　　　if（表达式 3）
　　　　　语句 3
　　　else
　　　　　语句 4

　　其含义为：先判断表达式 1 的值，若表达式 1 为真，再判断表达式 2 的值，若表达式 2 为真，则执行语句 1，否则执行语句 2。若表达式 1 为假，再判断表达式 3 的值，若表达式 3 为真，则执行语句 3，否则执行语句 4。

　　这种在 if 语句中本身又包含 if 语句的选择结构，常用来解决比较复杂的选择问题，其中的每一条语句都必须经过多个条件共同决定才能执行。

　　在使用 if 嵌套过程中，应当注意 if 与 else 的配对关系。从最内层开始，else 总是与它上面最近的（未曾配对的）if 配对。如果写成

　if（表达式 1）
　　　if（表达式 2）
　　　　　语句 1
　　　else
　　　　　if（表达式 3）
　　　　　　　语句 2
　　　　　else
　　　　　　　语句 3

　　编程者把 else 写在与第一个 if（外层 if）同一列上，希望 else 与第一个 if 对应，但实际上 else 与第二个 if 配对，因为它们相距最近。因此最好使内嵌 if 语句也包含 else 部分，这样 if 的数目和 else 的数目相同，从内层到外层一一对应，就不会导致出错。

　　如果 if 与 else 的数目不一样，为实现程序设计者的目的，可以通过加上花括号的方式来确定配对关系。例如

　if（表达式 1）
　　　｛if（表达式 2）　　语句 1｝
　else
　　　语句 2

　　这时 ｛ ｝ 就限定了内嵌 if 语句的范围，因此 else 与第一个 if 配对。

　　例如，求分段函数的值

$$f(x) \begin{cases} -1 & x < 0 \\ 0 & x = 0 \\ 1 & x > 0 \end{cases}$$

以下几种写法，请判断哪些是正确的。

程序一：

```c
#include <stdio.h>
void main()
{
    int  x,y;
    printf("请输入一个整数：");
    scanf("%d",&x);
    if(x<0)y=-1;
    else if(x==0)y=0;
        else y=1;
    printf("x=%d,y=%d\n",x,y);
}
```

程序二：

```c
#include <stdio.h>
void main()
{
    int x,y;
    printf("请输入一个整数：");
    scanf("%d",&x);
    if(x>=0)
        if(x>0)y=1;
        else y=0;
    else
        y=-1;
    printf("x=%d,y=%d\n",x,y);
}
```

程序三：

```c
#include <stdio.h>
void main()
{
    int  x,y;
    printf("请输入一个整数：");
    scanf("%d",&x);
    y=-1;
    if(x!=0)
        if(x>0)y=1;
    else y=0;
    printf("x=%d,y=%d\n",x,y);
}
```

程序四：

```c
#include <stdio.h>
void main()
{
    int x,y;
    printf("请输入一个整数：");
    scanf("%d",&x);
```

```
y=0;
if(x>=0)
    if(x>0)y=1;
else
    y=-1;
printf("x=%d,y=%d\n",x,y);
}
```

请读者画出流程图，并对结果进行分析。只有程序一和程序二是正确的。一般把内嵌的 if 语句放在外层的 else 子句中（如程序一），这样由于有外层的 else 相隔，内嵌的 else 不会和外层的 if 语句配对，而只能与内嵌的 if 配对，从而不至于出错。而像程序三和程序四就容易出错。

🔶 想一想

嵌套 if 语句与 if-elseif 语句有何区别，在实际编程过程中这两种选择语句能否用来解决相同的问题？

## 3.5 课 后 练 习

1. 写出下列逻辑判断的表达式。

（1）$m$ 被 3 整除。

（2）成绩 $grade$ 在 70～80 之间（包含 70，不包含 80）。

（3）$x$ 和 $y$ 不同时为 0。

（4）$a$ 是奇数或者 $b$ 是偶数。

（5）ch 为大写字母。

（6）$a$ 取值范围为 10 或 11，且 $b$ 的取值在[10.0,20.0]之间。

2. 下面程序根据以下函数关系，对输入的每个 $x$ 值，计算出 $y$ 值。请在【 】 内填空。

| $x$ | $y$ |
| --- | --- |
| $x>10$ | $x$ |
| $2<x\leq10$ | $x(x+2)$ |
| $-1<x\leq2$ | $1/x$ |
| $x\leq-1$ | $x-1$ |

```
#include "stdio.h"
void main()
{
    int x,y;
    scanf("%d",&x);
    if(【1】  )y=x;
    else if(【2】  ) y=x*(x+2);
    else if(【3】  ) y=1/x;
    else y=x-1;
    printf("%d",y);
}
```

3．写出下列程序的运行结果。

（1） 
```c
#include  <stdio.h>
void main()
{
    int a=1,b=2,c=3;
    if(c=a)printf("%d\n",c);
    else printf("%d\n",b);
}
```

（2） 
```c
#include  <stdio.h>
void main()
{
    int p,a=0;
    if(p=a!=0)printf("%d\n",p);
    else printf("%d\n",p+2);
}
```

（3） 
```c
#include  <stdio.h>
void main()
{
    int a=4,b=3,c=5,t=0;
    if(a<b)t=a;a=b;b=t;
    if(a<c)t=a;a=c;c=t;
    printf("%d,%d,%d\n",a,b,c);
}
```

（4） 
```c
#include  <stdio.h>
void main()
{
    int a=5,b=4,c=3,d=2;
    if(a>b>c)printf("%d\n",d);
    else if((c-1>=d)==1)printf("%d\n",d+1);
    else printf("%d\n",d+2);
}
```

（5） 
```c
#include  <stdio.h>
void main()
{
    int x=1,a=0,b=0;
    switch(x)
    {
    case 0:b++;
    case 1:a++;
    case 2:a++;b++;
    }
    printf("a=%d,b=%d\n",a,b);
}
```

4．阅读下面的程序，指出其中的错误及其原因。

（1） 
```c
#include  <stdio.h>
void main()
{
    int a,b;
```

```
    printf("输入两个整型数据: ");
    scanf("%d%d",a,b);
    if(a>b);
        temp=a;
        a=b;
        b=temp;
    printf("\na-b=",a-b);
}
(2) #include <stdio.h>
void main()
{
    int a,b,c;
    printf("输入 3 个整型数据: ");
    scanf("%d%d",&a,&b,&c);
    if(a>b>c)printf("\nthe max is:%d",a)
    else if(b>a>c)printf("\nthe max is:%d",b);
    else printf("\nthe max is:%d",c);
}
```

5. 编写程序。

（1）输入一个整数，判断该数的奇偶性。

（2）输入三个数，找出其中最大数。

（3）输入两个数，将其按由大到小顺序输出。

（4）试编写一段程序：求分段函数 $y=f(x)$ 的值，$f(x)$ 的表达式为

$$f(x) = \begin{cases} x^2 - 1 & x < -1 \\ x^2 & -1 \leqslant x \leqslant 1 \\ x^2 + 1 & x > 1 \end{cases}$$

（5）用 if 语句和 switch 语句分别编写 C 程序，实现从键盘输入数字 1、2、3、4，分别显示 excellent、good、pass、fail。输入其他字符时显示 error。

（6）编写一个 C 程序，首先让用户在下面两个选项中选择一个。

1）把温度从摄氏度转换成华氏度。

2）把温度从华氏度转换成摄氏度。

然后提示用户输入温度值，输出转换后的新值。

【提示】 摄氏度转华氏度：把输入的值乘以 1.8，然后加 32。

华氏度转摄氏度：把输入的值减去 32，然后乘以 5，再除以 9。

# 3.6 上 机 实 训

## 实训 1 简单 if 语句的应用

### 【实训目的】

（1）深入理解 if 语句的含义。

（2）熟练运用单 if 和 if-else 进行简单程序设计。

**【实训内容】**

| 实训步骤及内容 | 题 目 解 答 | 完成情况 |
|---|---|---|
| 1. 运行程序，写出运行结果，分析为什么两段程序结果不一致？<br>程序一：<br><pre>#include "stdio.h"<br>void main()<br>{<br>    int x=10,y=-9;<br>    if(x<y)<br>        x++;<br>        y++;<br>    printf("x=%d,y=%d",x,y);<br>}</pre>程序二：<br><pre>#include "stdio.h"<br>void main()<br>{<br>    int x=10,y=-9;<br>    if(x<y)<br>    {<br>        x++;<br>        y++;<br>    }<br>    printf("x=%d,y=%d",x,y);<br>}</pre> | | |
| 2. 运行程序，找出错误并修改。<br><pre>#include "stdio.h"<br>void main()<br>{<br>    int a=0,b=0,c=0,d=0;<br>    if(a==1)<br>        b=1;<br>        c=2;<br>    else<br>        d=3;<br>printf("a=%d,b=%d,c=%d,d=%d",a,b,c,d);<br>}</pre> | | |
| 3. 指出下面程序的功能：<br><pre>#include "stdio.h"<br>void main()<br>{<br>    float n1,n2,n3,t;<br>    printf("请输入 3 个数: ");<br>    scanf("%f %f %f",&n1,&n2,&n3);<br>    if(n1<n2)<br>    {<br>        t=n1;n1=n2;n2=t;<br>    }<br>    if(n1<n3)<br>    {<br>        t=n1;n1=n3;n3=t;<br>    }<br>    if(n2<n3)<br>    {<br>        t=n2;n2=n3;n3=t;<br>    }<br>    printf("结果为:%f %f %f",n1,n2,n3);<br>}</pre> | | |

| 实训步骤及内容 | 题 目 解 答 | 完成情况 |
| --- | --- | --- |
| 　4. 编写 C 程序，输入两个整数，如果都是正数，输出它们的和，否则输出它们的平方和。 | | |
| 实训总结：<br>分析讨论如下问题：<br>（1）单 if 和 if-else 的基本结构。<br>（2）if 条件式的构成。<br>（3）简单 if 语句的应用范围 | | |

### 实训 2　多分支 if-elseif 语句和 switch 语句的应用

**【实训目的】**

（1）掌握 if-elseif 语句的使用。

（2）掌握 switch 语句的使用。

**【实训内容】**

| 实训步骤及内容 | 题 目 解 答 | 完成情况 |
| --- | --- | --- |
| 　1. 为什么下面的程序段输出的不是 3？如何修改程序使其输出 3？<br><br>```c<br>main()<br>{<br>    int a=2;<br>    switch(a)<br>    {<br>    case 2:a++;<br>    case 3:a++;<br>    }<br>    printf("a=%d\n",a);<br>}<br>``` | | |
| 　2. 编写 C 程序：要求用户输入一个字符，检查它是否为元音字母（分别使用 if-else if 和 switch 语句实现） | | |
| 　3. 编写 C 程序：把百分制成绩转换成 A、B、C、D、E 5 个等级输出。<br>　要求：<br>（1）百分制从键盘输入，分数只能在 0～100 之间的整数。<br>（2）转换规则：<br>90～100：A 级；80～89：B 级<br>70～79：C 级；60～69：D 级<br>0～59：E 级<br>（3）使用 switch 语句实现 | | |
| 实训总结：<br>分析讨论如下问题：<br>（1）总结 if-elseif 与 switch 语句的结构特点。<br>（2）总结 if-elseif 与 switch 语句的应用场合 | | |

# 第4章　C语言的循环结构

在第3章中，学习了如何比较数据项及根据选择判断生成不同的结果，能够让计算机根据程序的输入做出不同的操作。本章中，将学习如何反复执行语句块，直到满足某种条件为止，这个过程叫循环。

循环的次数可以由一个计数器控制，反复执行语句块给定的次数，或者更复杂一些，例如反复执行语句块，直到用户输入了 $n$ 或 $N$ 为止。

## 4.1　for　语　句

**学习目标**
- ◆ 如何使用 for 循环执行一条语句或一个语句块任意多次
- ◆ 如何使用 for 循环执行一条语句或一个语句块，直到满足特定条件为止
- ◆ 如何在 for 循环中运用增量和减量运算符

**试一试**

【例4-1】　在屏幕上输出 10 行"hello world!"。

```
/*
    源文件名：ch4-1.c
    功能：输出 10 行 Hello World!
*/
#include  <stdio.h>
void main()
{
    int count=0;
    for(count=1;count<=10;count++)
    {
        printf("Hello World!\n");
    }
}
```

运行结果如图 4-1 所示。

**讲一讲**

（1）第一个语句声明了整型变量 count：int count=0;。

（2）使用 for 循环反复执行 printf()语句 10 次，输出 10 行"hello world!"，其循环控制为 for(count=1;count<=10;count++)，循环操作由 for 关键字后面括号中的 3 个表达式控制。

1）第一个表达式：count=1，它初始化了循环控制变量（循环计数器）。也可以采用其他类型的变量，不过整型变量更适合这项工作。

2）第二个表达式：count<=10，它是循环的继续条件。每次循环迭代开始之前，都会检

查它，确定是否继续循环。如果该表达式的值为 true，则循环继续。如果它的值为 false，循环结束，执行循环之后的语句。[例 4-1] 中，只要变量的值小于等于 10，循环就会继续。

　　3）第三个表达式：count++，它在每次循环结束时，给循环计数器加 1。因此，printf() 语句将被执行 10 次。在第 10 次迭代后，count 增加到 11，继续条件将变为 false，所以循环结束。

　　（3）只要想重复某些操作多于两次，就应该考虑采用循环。通常循环可以节省很多时间和内存。

图 4-1　[例 4-1] 的运行结果

做一做

编写程序：在屏幕上输出 1～5 这 5 个数，如图 4-2 所示。

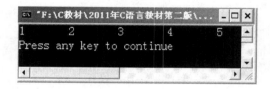

图 4-2　输出 1～5 数字

学一学

（1）for 语句的一般格式

　　for（表达式 1；表达式 2；表达式 3）
　　　　{
　　　　　　语句组；
　　　　}

　　1）"表达式 1"可以是任何类型，一般为赋值表达式，也可以是逗号表达式，用于给控制循环次数的变量赋初值。"表达式 1"既可以是设置循环变量的初值，又可以是与循环变量无关的其他表达式。例如

```
count=0;
for(count=1;count<=10;count++)
```

　　2）"表达式 2"可以是任何类型，只要结果是"真"（非 0）或"假"（为 0）的表达式都可以。

　　3）"表达式 3"可以是任何类型，一般为赋值表达式，用于修改循环控制变量的值，以便使某次循环后，表达式 2 的值为"假"，从而退出循环。在"表达式 3"中可以使用逗号运算符。例如

```
for(count=1;count<=10;count++,count++)
```

　　4）for 循环中的语句组可以是任何 C 语言语句，可以是单独一条语句，也可以是复合语句。复合语句必须用一对花括号括起来。

　　5）for 语句的循环体可以为空，此时循环只起到延时的作用。

（2）for 语句的执行过程如下。

1）求解表达式 1；

2）求解表达式 2，若其值为真，则执行 for 循环的语句组，然后执行下面的第 3）步。若为假，则结束循环，转到第 5）步。

3）求解表达式 3。

4）转回上面的第 2）步继续执行。

5）执行 for 语句下面的一个语句。执行过程如图 4-3 所示。

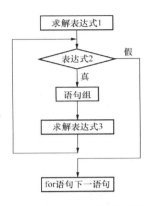

图 4-3　for 形式的流程图

**试一试**

【例 4-2】 编写 C 程序实现下述功能：求 $\sum i=1+2+3+\cdots+10$（$i=1\sim10$）。

```
/*
    源文件名：ch4-2.c
    功能：求 1+2+3+…+10
*/
#include <stdio.h>
void main()
{
    int s=0,i;
    for(i=1;i<=10;i++)
    {
        s=s+i;
    }
    printf("1+2+3+…+10 = %d\n",s);
}
```

图 4-4　[例 4-2] 的运行结果

运行结果如图 4-4 所示。

**讲一讲**

（1）这是一个累加和问题，其算法是将第 i 项的值加到前面第 i-1 项的和中去，直至加到第 10 项为止。

（2）使用累加器（s=s+i）完成数列求和，其中 s 是存放和的变量，其初值为 0，i 是参加累加的运算数，初值是 1，并且每次通过计数器（i=i+1）取得新的运算数。

（3）s=s+i 等同于 s+=i。

**想一想**

如果求 1+2+3+…+100，应该如何修改上述程序？

**做一做**

编写程序：计算 1～100 所有奇数和。

**试一试**

【例 4-3】 编写 C 程序实现下述功能：求 $\prod n=1\times2\times3\times\cdots\times10$（$n=1\sim10$）。

```
/*
    源文件名：ch4-3.c
    功能：求 1*2*3*…*10
*/
#include <stdio.h>
void main()
{
    int i;
    int p=1;
    for(i=1;i<=10;i++)
    {
        p=p*i;
    }
    printf("1*2*3*…*10 = %d \n",p);
}
```

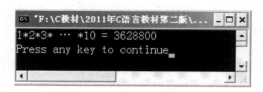

图 4-5 ［例 4-3］的运行结果

（2）p=p*i 等同于 p*=i。

运行结果如图 4-5 所示。

**讲一讲**

（1）使用累乘器（p=p*i）来完成数列求积，其中 p 是存放积的变量，其初值为 1，i 是参加累乘的运算数，初值是 1，并且每次通过计数器（i=i+1）取得新的运算数。

**想一想**

（1）为什么变量 p 的初值为 1，可不可以为 0？

（2）如果想得到 $n!$，应该如何修改上述程序？

**做一做**

编写 C 程序：计算并输出 2×5×8×11×14×17。

**试一试**

【例 4-4】 编写 C 程序实现下述功能：求 Fibonacci 数列 1，1，2，3，5，8，…的前 40 个数，即

$f_1=1$　　　　　　（$n=1$）

$f_2=1$　　　　　　（$n=2$）

$f_n=f_{n-1}+f_{n-2}$　　（$n \geqslant 3$）

```
/*
    源文件名：ch4-4.c
    功能：求前 40 项 Fibonacci 数
*/
#include <stdio.h>
void main()
{
    int f,f1=1,f2=1;
    int i;
```

```
printf("前40项Fibonacci数为：\n");
printf("%8d%8d",f1,f2);
for(i=3;i<=40;i++)
{
    f=f1+f2;                    //产生新的 Fibonacci 数
    f1=f2;                      //存放第 1 个数
    f2=f;                       //存放第 2 个数
    printf("%8d",f);            //输出新的 Fibonacci 数
    if(i%5==0)
        printf("\n");           //按每行 5 个数输出，满 5 个数换行
}
}
```

运行结果如图 4-6 所示。

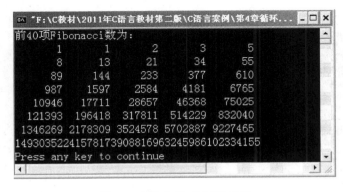

图 4-6 ［例 4-4］的运行结果

🎤 讲一讲

（1）［例 4-4］中除了前两项以外，所有数列当前元素的值是它前面两个元素值的和。

（2）当计算出一个新的数列中的元素时，要在临时变量中存储下来。分别用临时变量 f1、f2 存放前两项，当前元素存放在 f 中。所以当进行一次计算时，要更新 f1 和 f2 的值，i 的值每次加 1，这样一次次重复执行。

（3）需要输出 40 项，也就是在这个 for 循环中，循环的次数是确定的，i 从 3～40 为 38 次。

🐌 想一想

如果输出前 24 项 Fibonacci 数，要求每行输出 6 个数，应如何修改程序？

🐾 试一试

【例 4-5】 编写 C 程序实现下述功能：从键盘上输入若干个整数，直到输入的数据为–999 为止，输出它们的最大数。

```
/*
    源文件名：ch4-5.c
    功能：求若干整数的最大数
*/
#include <stdio.h>
```

```
void main()
{
    int num,max,i=1;
    printf("请输入第%d 个整数：",i);
    scanf("%d",&num);
    max=num;
    for(;num!=-999;)
    {
        if(max<num)max=num;
        i=i+1;
        printf("请输入第%d 个整数: ",i);
        scanf("%d",&num);
    }
    printf("最大数为:%d\n",max);
}
```

图 4-7　［例 4-5］的运行结果

运行结果如图 4-7 所示。

**讲一讲**

（1）查找最大数的算法：先读取第一个数，令其为最大数，并将其赋给存放最大数的变量 max；然后，读取第二个数，并让 max 与第二个数比较，如果第二个数大，则将第二个数赋值给 max；接着读取第三个数。如此操作，一直到所读取的数等于 –999 为止，最终 max 中存放的就是 $n$ 个数中的最大数。

（2）定义 3 个整型变量 num、max、i，分别用于存放输入的整数，最大数及输入数据的个数。

（3）［例 4-5］中使用特定条件作为循环结束的标志 num!=–999。

**做一做**

编写 C 程序实现下述功能：输入一组学生的成绩，求其平均成绩。当输入的成绩大于 100 或小于 0 时，程序终止并输出平均成绩。

**学一学**

（1）for 语句中"表达式 2"可以为关系表达式或逻辑表达式，用于控制循环是否继续执行。例如，`for(;num!=-999;)` 或 `for(i=0;(c=getchar())!='\n';i+=c)`。

（2）for 循环中的 3 个表达式都是可选项，可以省略其中一个、两个或三个，但";"不能省略。

1）省略"表达式 1"，但其后的分号必须保留。表示不对循环控制变量赋初值。此时应在 for 语句前面设置循环初始条件。例如

```
i=1;
for( ;i<=100;i++)
```

2）省略"表达式 2"，但其后的分号必须保留。此时不判别循环条件，认为循环条件始终为"真"，循环将无终止地进行下去。此时在循环体内应有退出循环的语句。例如

```
for(i=1,s=0; ;i++)
{
        if(i>100)break;
        s=s+i;
}
```

3）省略"表达式 3"，则不对循环控制变量进行操作，这时可在循环体中加入修改循环控制变量的语句。应特别注意，表达式 3 后无分号。例如

```
for(i=1,s=0;i<=100;)
{
        s=s+i;
        i++;
}
```

（3）3 个表达式都省略。"for(; ;)语句;"，是一个无限循环的结构。对于这种形式的 for 语句，一般在循环体内应设有退出循环的语句。例如

```
i=1,s=0;
for( ; ; )
{
    if(i>100)break;
    s=s+i;
    i++;
}
```

## 4.2   while   语   句

学 习 目 标

◆ 掌握 while 循环的结构
◆ 学会运用 while 循环进行简单的程序设计

试一试

【例 4-6】  编写 C 程序：使用 while 语句求 $\sum i$=1+2+3+…+10 ($i$=1～10)。

```
/*
    源文件名：ch4-6.c
    功能：求 1+2+3+…+10
*/
#include  <stdio.h>
void main()
{
    int s=0,i=1;
    while(i<=10)
    {
        s=s+i;
        i=i+1;
    }
    printf("1+2+3+…+10 = %d\n",s);
}
```

**讲一讲**

（1）可以看到：同一个问题可以使用 for 语句处理，也可以使用 while 语句实现。

（2）［例 4-6］中 i 是用于计算重复次数和参与运算的循环变量，它的初始值为 1；i=i+1 计算下一次将要参与运算的数据；表达式 i<=10 则用于判断是否还要继续重复循环体中的操作。

**学一学**

（1）while 语句用来实现"当型"循环结构。

格式

while（表达式）

{

　　语句组；

}

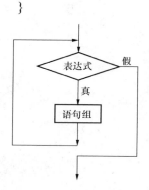

图 4-8　while 形式的流程图

执行过程：先计算 while 后面表达式的值，如果其值为真（值为非 0），则执行循环体中的语句组；执行一次循环体后，再判断 while 后面表达式的值，如果其值仍然为真，则继续执行循环体中的语句组。如此反复，直到表达式的值为假，退出循环结构。执行过程如图 4-8 所示。

（2）几点说明如下。

1）while 语句的特点是先计算表达式的值，然后根据表达式的值决定是否执行循环体中的语句。因此，如果表达式的值开始就为"假"，循环将一次也不执行。

2）在程序执行循环时，应给出循环的初始条件，如［例 4-6］中的"i=1;"，循环体中如果只有一条语句，可以不加花括号；如果包含一个以上的语句，则应用花括号括起来，形成复合语句。

3）循环体必须有使循环趋于结束的语句（例如［例 4-6］中的 i=i+1;），否则会出现死循环（循环永远不结束）。

4）注意循环的边界问题，即循环的初值和终值有没有被多计算或少计算。如 while(i<=10)，如果 while(i<10) 则会少读取一个数。

**试一试**

【例 4-7】　编写 C 程序实现下述功能：从键盘上输入一个不为 0 的整数，求组成该整数的各位数字之和。

```
/*
    源文件名：ch4-7.c
    功能：求一个非 0 整数的各位数字之和
*/
#include <stdio.h>
void main()
{
    int num,s=0;
```

```
    printf("请输入一个整数：");
    scanf("%d",&num);
    while(num!=0)
    {
        s=s+num%10;
        num=num/10;
    }
    printf("该数的各位数字之和为:%d\n",s);
}
```

运行结果如图 4-9 所示。

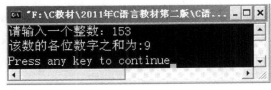

**讲一讲**

（1）通过多次除 10 能够使其他的位数变为个位，再通过和 10 的余数取出个位数，从而达到分离每一位的目的。

图 4-9　［例 4-7］的运行结果

（2）定义两个整型变量 num、s，分别用于存放输入的整数及每一位的和。

（3）本例中使用特定条件：num!=0 作为循环结束的标志。

**做一做**

编写 C 程序实现下述功能：从键盘输入两个正整数，用辗转相除法求它们的最大公约数。

【提示】　辗转相除法：①两个整数求余数；②让除数与余数构成新的两个数；③不断重复此过程，直至除数为 0，则被除数即为最大公约数。程序段如下：

```
while(n2!=0)
{
    t=n1%n2;
    n1=n2;
    n2=t;
}                    //循环结束时变量 n1 的值即为所求
```

## 4.3　do–while　语　句

**学习目标**

◆　掌握 do-while 循环的结构

◆　学会运用 do-while 循环进行简单的程序设计

**试一试**

【例 4-8】　使用 do-while 语句编写 C 程序：求 $\sum i=1+2+3+\cdots+10$ （$i=1\sim10$）。

```
/*
    源文件名：ch4-8.c
    功能：求 1+2+3+…+10
*/
#include <stdio.h>
void main()
{
```

```
    int  s=0,i=1;
    do
    {
        s=s+i;
        i=i+1;
    } while(i<=10);
    printf("1+2+3+…+10 = %d\n",s);
}
```

### 讲一讲

（1）可以看到：同一个问题也可以使用 do-while 语句处理。

（2）一般情况下，使用 while 语句和使用 do-while 语句处理同一问题时，若二者的循环体部分相同，它们的结果也相同。但如果表达式的值一开始就为假时，两种循环的结果是不同的。

### 学一学

（1）do-while 语句用来实现"直到型"循环结构。

格式为

do

{

　　语句组；

}while（表达式）；

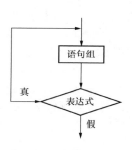

图 4-10　do-while 形式的流程图

执行过程：先执行 do 后面的语句组；然后计算 while 后面表达式的值，如果其值为真，则继续执行语句组，直到表达式的值为假，此时循环结束。执行过程如图 4-10 所示。

（2）do-while 循环和 while 循环的区别如下。

1）do-while 循环总是先执行一次循环体，然后再求表达式的值。while 循环先判断循环条件再执行循环体。当 while 之后表达式的第一次值为真时，两种循环得到的结果相同。否则，二者结果不同（指二者具有相同循环体的情况）。

2）在 while 语句中，表达式后面不能加分号，而在 do-while 语句的表达式后面则必须加分号。

【例 4-9】　编写 C 程序实现下述功能：从键盘上输入 6 个整数，统计其中奇数的个数。

```
/*
    源文件名：ch4-9.c
    功能：统计 6 个整数中奇数的个数
*/
#include <stdio.h>
void main()
{
    int num,i=1,count=0;
    do
    {
        printf("请输入第%d 个整数：",i);
        scanf("%d",&num);
```

```
        if(num%2!=0)count++;
        i++;
    }while(i<=6);
    printf("输入数据中奇数的个数为:%d\n",count);
}
```

运行结果如图 4-11 所示。

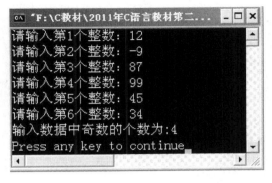

**讲一讲**

（1）定义 3 个整型变量 num、i、count，分别用于存放输入的整数、输入数据的个数及统计奇数的个数。

（2）count 的初始值为 0，循环体中逐个输入数据，判断是奇数，count 的值增加 1。

（3）［例 4-9］中使用特定条件：i<=6 作为循环结束的标志。

图 4-11　［例 4-9］的运行结果

**做一做**

修改［例 4-9］程序，实现从键盘输入 6 个字符，统计其中大写字母的个数。

【提示】

（1）可以使用 getchar()函数从键盘接收一个字符：ch=getchar();

（2）判断是否为大写字母的条件：ch>='A' && ch<='Z'

## 4.4　几种循环语句的比较

**学习目标**

◆ 掌握 3 种循环语句的区别与联系

◆ 了解 3 种循环的应用场合

**试一试**

【例 4-10】　分别使用 for、while、do-while 语句实现如下功能：输出 1～100 之间能被 3 整除的数。

方法一：用 while 语句实现。

```
#include <stdio.h>
void main()
{
    int i=1;
    while(i<=100)
    {
        if(i%3==0)printf("%5d",i);
        i++;
    }
}
```

方法二：用 do-while 语句实现。

```
#include <stdio.h>
void main()
{
    int i=1;
    do
    {
        if(i%3==0)printf("%5d",i);
        i++;
    }while(i<=100);
}
```

方法三：用 for 语句实现。

```
#include <stdio.h>
void main()
{
    int i;
    for(i=1;i<=100;i++)
        if(i%3==0)printf("%5d",i);
}
```

### 学一学

3 种循环语句的比较如表 4-1 所示。

**表 4-1　　　　　　　　　　　　　　　3 种循环语句的比较**

| | for 语句 | while 语句 | do-while 语句 |
|---|---|---|---|
| 语句格式 | for(表达式 1;表达式 2;表达式 3)<br>{<br>　语句组;<br>} | while(条件式)<br>{<br>　语句组;<br>} | do<br>{<br>　语句组;<br>} while(条件式); |
| 循环变量初值 | 在表达式 1 中设置 | 在 while/do 语句之前设置 | |
| 循环条件 | 在表达式 2 中指定 | 在 while 之后的表达式中指定 | |
| 改变循环变量的值 | 在表达式 3 中设置 | 在循环体中设置 | |
| 应用场合 | 计数型循环<br>适用于循环次数已知的情况 | 条件型循环<br>适用于循环次数未知的情况 | |
| 其他 | 先判断真假，为真执行循环体 | | 无条件执行一次循环体，再判断真假 |

# 4.5　知 识 扩 展

### 学 习 目 标

◆ 理解循环嵌套的概念

◆ 会使用双重循环进行简单的程序设计

◆ 了解 break 语句和 continue 语句的作用

### 4.5.1　循环嵌套

**试一试**

【例 4-11】　利用双重循环编写 C 程序实现下述功能：1!+2!+3!+…+n! (n=1～10)。

```
/*
    源文件名：ch4-11.c
    功能：求 1!+2!+3!+…+10!
*/
#include <stdio.h>
void main()
{
    int i,j,p,s=0;
    for(i=1;i<=10;i++)
    {
        p=1;
        for(j=1;j<=i;j++)
            p=p*j;
        s=s+p;
    }
    printf("1!+2!+3!+…+10! = %ld \n",s);
}
```

运行结果如图 4-12 所示。

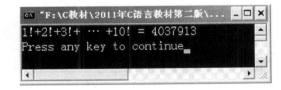

**讲一讲**

（1）外循环控制 1～10 的变化，其循环体
包括求一个数的阶乘，以及阶乘和的累加。

（2）内循环完成一个数的阶乘。

（3）本例定义了 4 个变量：j、i 为内外循

图 4-12　［例 4-11］的运行结果

环的循环变量；p 存放每个数的阶乘，初值为 1；s 保存阶乘的和，初值为 0。

**想一想**

为什么 s=0 在循环外设置，而 p=1 在循环中设置，能否互换位置？

**做一做**

修改［例 4-11］使用单循环完成此功能。

【提示】　利用递推算法来实现：2!＝2*1!，3!＝3*2!，…，n!＝n*(n-1)!。程序段如下：

```
for(i=1,p=1,s=0;i<=10;i++)
{
    p=p*i;
    s=s+p;
}
```

**学一学**

（1）一个循环体内包含另一个完整的循环结构，称为循环的嵌套。内嵌的循环中还可以嵌套循环，这就是多重循环。按照循环嵌套的层数，分别称为二重循环（也称为双重循环）、三重循环……。

（2）一般将处于内部的循环称为内循环，处于外部的循环称为外循环。单循环只有一个循环控制变量，双重循环有两个循环控制变量，依次类推，多重循环有多个循环控制变量。

（3）3 种循环（while 循环、do-while 循环和 for 循环）可以互相嵌套。常见的形式有以下几种。

```
1) while(    )                        2) do
   { …                                  { …
       while(    )                           do
           {…}                               {…}while(    );
   }                                     }while(    );
3) for( ;  ; )                        4) while(    )
   { …                                  { …
       for( ;  ; )                           do
           {…}                               {…}while(    );
   }                                     }
5) for( ;  ; )                        6) for( ;  ; )
   { …                                  { …
       while(    )                           do
           {…}                               {…}while(    );
   }                                     }
```

（4）说明：

1）一个循环体必须完整地嵌套在另一个循环体内，不能出现交叉。

2）多重循环的执行顺序是：外层循环控制变量每取得一个值时，内循环要完成一个遍历，然后再取得下一个外层循环控制变量的值。

3）并列循环允许使用相同的循环控制变量，但嵌套循环不允许。

🐛 试一试

【例 4-12】 编写 C 程序实现下述功能：输出 3～100 的所有素数。

```
/*
    源文件名：ch4-12.c
    功能：输出 3～100 的所有素数
*/
#include <stdio.h>
void main()
{
    int i,m,n=0;
    for(m=3;m<=100;m++)
    {
        for(i=2;i<=m-1;i++)           //判断素数
            if(m%i==0)break;
        if(i>m-1)                     //条件成立即为素数
            {
                printf("%5d",m);
                n++;                  //记录每行显示的素数个数
            }
```

```
        if(n%12==0)printf("\n");       //控制每行输出 12 个素数
    }
}
```

运行结果如图 4-13 所示。

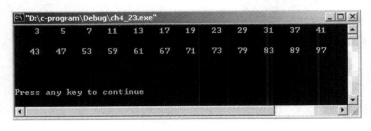

图 4-13　［例 4-12］的运行结果

**讲一讲**

（1）外循环控制 3～100 数据的变化,其循环体完成某一个数据是否为素数的判定与输出。

（2）只能被 1 和本身整除的数称之为素数，素数的判定由内循环完成。

（3）判定一个数是否为素数的算法：让数 $m$ 被 2 到 $m-1$ 除，如果 $m$ 能被 2～$m-1$ 之中的任何一个整数整除，则提前结束循环，此时 $i$ 必然小于或等于 $m-1$；如果 $m$ 不能被 2～$m-1$ 之中的任何一个整数整除，则在完成最后一次循环后，$i$ 还要加 1，因此当 $i$ 等于 $m$ 时，循环终止。在内循环之后判别 $i$ 的值是否大于 $m-1$，若是，则表示未曾被 2～$m-1$ 任一整数整除过，该数是素数，否则不是素数。

**【例 4-13】**　编写 C 程序实现下述功能：输出如下三角形图形（最上方星号的左边有 10 个空格）。

```
          *
         ***
        *****
       *******
```

```
/*
    源文件名：ch4-13.c
    功能：输出三角形
*/
#include <stdio.h>
void main()
{
    int i,j,k;
    for(i=1;i<=4;i++)                //控制行数
    {
        for(j=1;j<=11-i;j++)         //控制每行空格个数
            printf(" ");
        for(k=1;k<=2*i-1;k++)        //控制每行＊个数
            printf("*");
        printf("\n");                //每行结束后换行
    }
}
```

图 4-14　［例 4-13］的运行结果

运行结果如图 4-14 所示。

**讲一讲**

（1）使用 C 语言进行文本作图，需要使用双重循环完成，同时考虑以下 4 个要素。

1）组成图形的字符；

2）组成图形的行数；

3）每行的空格个数；

4）每行的字符个数。

其中，外循环控制行数，第一个内循环控制每行的空格个数，第二个内循环控制每行的字符个数，两个内循环为并列循环，它们与回车换行语句共同组成外循环的循环体。

（2）各行的内循环次数是有规律变化的，只要找到内循环与外循环之间的关系，就可完成图形的输出。假定由 i 变量控制行数，不难找出以下规律

| 行数： | 1 | 2 | 3 | 4 | $i$ |
|---|---|---|---|---|---|
| 空格数： | 10 | 9 | 8 | 7 | $11-i$ |
| ＊个数： | 1 | 3 | 5 | 7 | $2i-1$ |

**想一想**

如果把循环变量 k 用循环变量 j 代替，行不行？所有循环都用循环变量 i 代替，行不行？

**做一做**

编写 C 程序：输出如下三角形图形（最下方星号的左边有 10 个空格）。

```
＊＊＊＊＊＊＊
 ＊＊＊＊＊
  ＊＊＊
   ＊
```

### 4.5.2　break 和 continue 语句

在循环程序执行过程中，有时需要终止循环的执行。C 语言提供了两种控制循环中断的语句：break 语句和 continue 语句。

1．break 语句

格式：break;

功能：当 break 语句用于 switch 语句中时，可使程序跳出 switch 语句而执行 switch 后续语句；当 break 语句用于循环语句中时，可使程序从循环体中跳出，即提前结束循环，接着执行循环体之后的语句。

 **说 明**

（1）break 语句只能用于循环语句和 switch 语句（也称开关语句）中。

（2）break 语句只能终止并跳出最近一层的循环结构或 switch 语句。

如下程序段中使用了 break 语句

```
for(r=1;r<=10;r++)
 {
    girth=2*3.14159*r;
    if(girth>100)break;
    printf("半径为%d的圆周长为:%f\n",r,girth);
 }
```

该程序段是计算 r=1~r=10 的圆周长，直到圆周长大于 100 为止。当 grith＞100 时，执行 break 语句，提前终止循环的执行，不再继续执行剩余的几次循环。

2．continue 语句

格式：continue;

功能：结束本次循环，跳过循环体中尚未执行的语句，进行下一次是否执行循环体的判断。

 说　明

（1）continue 语句只能用于循环语句中。

（2）continue 语句与 break 语句的区别为 continue 语句只结束本次循环，而不是终止整个循环的执行。而 break 语句则是结束循环，不再进行条件判断。

使用 continue 语句修改上述程序段如下。

```
for(r=1;r<=10;r++)
 {
    girth=2*3.14159*r;
    if(girth<100)continue;
    printf("半径为%d的圆周长为: %f\n",r,girth);
 }
```

该程序段是输出半径从 r=1 到 r=10 且圆周长大于 100 的圆周长。当 grith＜100 时，执行 continue 语句，提前结束本次循环的执行，继续取下一个 r 执行剩余的几次循环。

又如，输出 1~100 之间不能被 5 整除的数。

```
#include <stdio.h>
void main()
{
    int i;
    for(i=1;i<=100;i++)
        if(i%5==0)continue;
    printf("%5d",i);
}
```

当 i 被 5 整除时，执行 continue 语句，结束本次循环，跳过 printf 函数语句，执行 i++；只有 i 不能被 5 整除时才执行 printf 函数语句。

想一想

如果不使用 continue 语句完成同样功能，应如何修改程序？

## 4.6　课　后　练　习

**一、阅读下列程序，按要求在空白处填写适当的语句或表达式，使程序完整并符合题目要求**

1. 计算 2+4+6+…+98+100 的值。

```
#include <stdio.h>
void main()
{
    int i,s=0;
    for(i=2;i<=100;_____)
    {
        _____;
    }
    printf("s=%d\n",s);
}
```

2. 计算$1-\dfrac{1}{3}+\dfrac{1}{5}-\dfrac{1}{7}+\cdots-\dfrac{1}{99}+\dfrac{1}{101}$的值。

```
#include <stdio.h>
void main()
{
        float s=0,t=1;
        int i;
        for(i=1;i<=101;i+=2)
        {
            s=s+_____;
            t=_____;
        }
        printf("1-1/3+1/5-1/7+...-1/99+1/101= %f \n",s);
}
```

3. 计算平均成绩并统计 90 分及以上人数。

```
#include <stdio.h>
void main()
{
    int n,m;
    float grade,average;
    average=n=m=_____;
    while(_____)
    {
        scanf("%f",&grade);
        if(grade<0)break;
        n++;
        average+=grade;
        if(grade<90)_____;
        m++;
    }
    if(n)printf("%.2f %d \n",average/n,m);
}
```

## 二、写出下列程序的运行结果

1.
```c
#include  <stdio.h>
void  main()
{
    int n=4;
    while(n--)
        printf("%d\n",--n);
}
```

2.
```c
#include <stdio.h>
void main()
{
    int n;
    for(n=1;n<=10;n++)
    {
        if(n%3==0)continue;
        printf("%d",n);
    }
}
```

3. 运行下列程序，从键盘上输入 china#↙。
```c
#include <stdio.h>
void main()
{
    int v1=0,v2=0;
    char ch;
    while((ch=getchar())!='#')
        switch(ch)
        {
            case 'a':
            case 'h':
            default: v1++;
            case '0':v2++;
        }
    printf("%d,%d\n",v1,v2);
}
```

4.
```c
#include <stdio.h>
void main()
{
    int i;
    for(i=1;i+1;i++)
    {
        if(i>4){printf("%d\t",i++);break;}
        printf("%d\t",i++);
    }
}
```

5.
```c
#include <stdio.h>
void main()
{
    char ch;
```

```
int  i=0;
for(ch='a';ch<='z';ch++)
{
    i++;
    printf("%c ",ch);
    if(i%10==0)
        printf("\n");
}
printf("\n");
}
```

### 三、编写程序

1. 输入一行字符，以字符'#'作为结束标志，分别统计出英文字母、空格、数字和其他字符的个数。

2. 从 5～100 之间找出能被 5 或 7 整除的数。

3. 计算正整数 1～$n$ 中的奇数之和及偶数之和。

4. 计算：$n-\dfrac{n}{2}+\dfrac{n}{3}-\dfrac{n}{4}+\cdots-\dfrac{n}{100}$。

5. 用循环语句输出如下四边形。

```
      * * * * * * *
       * * * * * * *
        * * * * * * *
         * * * * * * *
```

6. 猜数字游戏。

（1）由计算机随机给出一个 1～100 之间的整数。

（2）提示用户输入一个猜想的整数。

（3）用户输入所猜想的数据。

（4）判断猜想的正确性：如果猜对了，显示"祝贺你，猜对了!"；否则，显示"错误!"，并给出所猜数据是大了还是小了，以便继续猜想，直至正确为止。

（5）输出猜想的次数。

【提示】

（1）由计算机自动产生 1～100 之间的随机整数的方法。

1）通过 srand(time(NULL));产生随机数种子。其中，time(NULL)产生一个由当前计算机时间值（以秒计算）转换成无符号整数作为随机数发生器的种子。time()函数包含在头文件<time.h>中。

2）使用 rand()%100+1 产生一个 1～100 之间的随机整数，并保存到变量中。rand()函数包含在头文件<stdlib.h>中。

（2）使用 printf()函数输出提示用户输入猜想数的提示信息。并通过 scanf()函数输入所猜想的数据。

（3）使用 while 或 do-while 循环语句，结合 if-elseif 完成猜想的判断。循环条件为所猜想的数不等于随机产生的数，循环继续，否则，结束循环。

（4）使用 printf()函数输出猜想的次数。

# 4.7　上 机 实 训

## 实训 1　for 语句的应用

### 【实训目的】

（1）理解循环的概念。

（2）掌握 for 语句的应用。

### 【实训内容】

| 实训步骤及内容 | 题 目 解 答 | 完成情况 |
|---|---|---|
| 1. 程序填空：求 1000 以内所有能被 13 整除的整数之和。<br><br>```c<br>#include <stdio.h><br>void main()<br>{<br>    int sum=_____,i;<br>    for(i=1;_____;i++)<br>        if(_____)<br>            sum=sum+i;<br>    printf("1-1000 中是 13 的倍数的数值之和为：%d\n",sum);<br>}<br>``` |  |  |
| 2. 程序填空：计算 1×2+3×4+5×6+…+99×100。<br><br>```c<br>#include <stdio.h><br>void main()<br>{<br>    int x,y;<br>    int sum=0;<br>    for(x=1,y=2;x<99,y<100;x+=2,y+=2)<br>        _____<br>    printf("sum=%d\n",sum);<br>}<br>``` |  |  |
| 3. 程序填空：输入一个字符，显示从这个字符开始的后续 5 个字符。<br><br>```c<br>#include <stdio.h><br>void main()<br>{<br>    char ch;<br>    char c;<br>    _____;<br>    for(c=ch;_____;c++)<br>        putchar(c);<br>}<br>``` |  |  |
| 4. 分析下列程序的运行结果。<br><br>```c<br>#include <stdio.h><br>void main()<br>{<br>    int i,j;<br>    for(i=5;i>=1;i--)<br>    {<br>        for(j=1;j<=i;j++)<br>            printf("*");<br>        printf("\n");<br>    }<br>}<br>``` |  |  |

| 实训步骤及内容 | 题 目 解 答 | 完成情况 |
|---|---|---|
| 5. 程序填空：求 100～999 中的所有水仙花数。<br>【提示】 水仙花数是指一个数的各位数字的立方和等于该数字。如 $153=1^3+5^3+3^3$。<br><br>```c<br>#include <stdio.h><br>void main()<br>{<br>    int i,j,k,n;<br>    for( _____ )<br>    {<br>        i=n/100;              //分离百位数字<br>        j=(n/10)%10;          //分离十位数字<br>        k=n%10;               //分离个位数字<br>        if(_____)    //判断水仙花数<br>            _____;   //输出水仙花数<br>    }<br>    printf("\n");<br>}<br>``` | | |
| 实训总结：<br>分析讨论如下问题：<br>（1）循环变量的作用是什么？<br>（2）用循环求多个数的和之前，存放和的变量的初始值为多少？<br>（3）用循环求多个数的乘积之前，存放积的变量的初始值为多少？<br>（4）字符变量能否作为循环变量 | | |

## 实训 2　while 和 do-while 语句的应用

### 【实训目的】

运用 while 和 do-while 语句处理简单循环问题。

### 【实训内容】

| 实训步骤及内容 | 题 目 解 答 | 完成情况 |
|---|---|---|
| 1. 若输入的数据为−5，写出程序的运行结果。<br><br>```c<br>#include <stdio.h><br>void main()<br>{<br>    int s=0,a=1,n;<br>    scanf("%d",&n);<br>    do<br>    {<br>        s+=1;<br>        a=a-2;<br>    }while(a!=n);<br>    printf("%d\n",s);<br>}<br>``` | | |
| 2. 分析下列程序，写出程序的运行结果。<br><br>```c<br>#include <stdio.h><br>void main()<br>{<br>``` | | |

| 实训步骤及内容 | 题 目 解 答 | 完成情况 |
|---|---|---|
| ```c int i=1,sum=0; while(i<10)     sum+=i++; printf("i=%d,sum=%d\n",i,sum); } ``` | | |
| 3. 找出程序的错误并修改，使其完成如下功能：从键盘输入 10 个整数，输出其累加和。<br><br>```c #include <stdio.h> void main() {     int i=1,sum,number;     while(i<10);     {         printf("输入一个整数："); scanf("%d",&number);         sum=sum+number;     }     printf("sum=%d\n",sum); } ``` | | |
| 4. 有以下程序段，变量已正确定义和赋值。<br><br>```c for(s=1.0,j=1;k<=n;k++)     s=s+1.0/(k*(k+1)); printf("s=%f\n",s); ```<br>请填空，使下面程序段的功能与之完全相同。<br>```c s=1.0;k=1; while(_____ ) {     s=s+1.0/(k*(k+1));     _____; } printf("s=%f\n",s); ``` | | |
| 5. 密电文。按以下规律将电文翻译成密码：将字母 A 译成字母 E，a 译成 e，即译成其后的第 4 个字母，W 译成 A，X 译成 B，Y 译成 C，Z 译成 D。例如，aZyXA 译成 eDcBE。运行下列程序，记录程序的运行过程，给程序添加注释。<br><br>```c #include <stdio.h> void main() { char c; while((c=getchar())!='\n') { if((c>='a' && c<='z')||(c>='A' && c<='Z'))     c=c+4; if(c>'Z' && c<='Z'+4 || c>'z')     c=c-26; printf("%c",c); } printf("\n"); } ``` | | |
| 实训总结：<br>分析讨论如下问题。<br>（1）总结 while 和 do-while 语句的结构特点。<br>（2）总结 while 和 do-while 语句的应用场合 | | |

# 项目1 制作简单计算器

## 【项目描述】

（1）功能：实现一个简易计算器，能够完成加、减、乘、除和求余数的运算。

（2）要求：为了给用户提供方便，当用户选择某一菜单项后（退出选项除外），系统提示输入第一个运算数和第二个运算数，并给出运算结果。然后询问是否继续计算，如果输入'y'或'Y'，重新返回主菜单；如果输入其他字母，则结束计算并退出系统。

## 【知识要点】

（1）C语言基本数据类型、常量、变量、运算符和表达式。

（2）输入/输出函数：scanf()和printf()。

（3）选择语句：if和switch语句。

（4）循环语句：while语句、do-while语句、for语句。

## 【项目分解】

任务1：数据定义。

任务2：主菜单的设计。

任务3：优化运算。

任务4：循环设计。

## 任务1 数 据 定 义

### 【任务描述】

实现简易计算器项目中的数据类型定义。

### 【任务分析】

根据项目功能描述，需要定义4个变量，如项目表1-1所示。

项目表1-1　　　　　　　　　　定 义 4 个 变 量

| 变量名 | 数据类型 | 功　能 | 定　义 |
|--------|---------|--------|--------|
| num1 | float | 存放第一个运算数 | float num1,num2; |
| num2 | float | 存放第二个运算数 | |
| choose | int | 存放用户输入的菜单选项 | int choose; |
| flag | char | 存放是否继续运算的选择 | char flag='y'; |

### 【任务实现】

（此程序段命名为程序段A）

```c
#include <stdio.h>
#include <stdlib.h>
void main()
```

```
{
/*定义变量：choose-运算符选择，num1、num2-参与运算的运算数，flag-选择项*/
    int choose;
    float num1,num2;
    char flag='y';
}
```

### 【任务总结】

实际应用中，计算机程序处理的数据各种各样，需要根据具体情况来判断所涉及的数据是何种数据类型。而且需要估计数据的变化范围，并了解题目中对数据的精度要求。如果定义不当，可能会造成内存空间的浪费，甚至影响运行结果。

由于编写代码前很难估计一个程序到底需要使用多少变量，通常采用边写边定义的方式，当需要定义一个新的变量时，在定义的位置补充定义即可。

## 任 务 2　主 菜 单 的 设 计

### 【任务描述】

（1）实现简易计算器项目主菜单的设计。

（2）接收键盘输入的菜单选项和两个运算数。

（3）完成加、减、乘、除和求余数的基本运算。

### 【任务分析】

根据任务描述，该任务需要解决 3 个子任务。

（1）主菜单设计。

（2）接收键盘数据。

（3）完成加、减、乘、除和求余数运算。

具体如项目表 1-2 所示。

项目表 1-2　　　　　　　　　　　　任务 2 的任务名称与任务实现

| 任务名称 | 任 务 实 现 |
|---|---|
| 主菜单设计 | 使用 printf()函数及转义字符 '\n'、'\t' 和制表符完成 |
| 接收键盘数据 | （1）使用 printf()函数显示提示信息。<br>（2）使用 scanf()函数实现数据的接收 |
| 运算处理 | （1）算术运算符：+、−、*、/、%。<br>（2）使用 printf()函数输出运算结果。<br>（3）使用强制类型转换 |

### 【任务实现】

（此程序段命名为程序段 B）

```
#include <stdio.h>
#include <stdlib.h>
void main()
{
    程序段 A
```

```
/*显示菜单*/
system("cls");
printf("\n\n");
printf("\t\t ┌─────────────────────────────┐ \n");
printf("\t\t │         简易计算器          │ \n");
printf("\t\t ├─────────────────────────────┤ \n");
printf("\t\t │         1----加 法          │ \n");
printf("\t\t │         2----减 法          │ \n");
printf("\t\t │         3----乘 法          │ \n");
printf("\t\t │         4----除 法          │ \n");
printf("\t\t │         5----余 数          │ \n");
printf("\t\t │         0----退 出          │ \n");
printf("\t\t └─────────────────────────────┘ \n");

/*输入参与运算的运算数*/
printf("\n\t\t 请输入第一个运算数：");
scanf("%f",&num1);
printf("\n\t\t 请输入第二个运算数：");
scanf("%f",&num2);
printf("\n\t\t 运算结果为：\n");

/*实现简易计算器功能*/
printf("\n\t\t%.2f+%.2f=%.2f\n",num1,num2,num1+num2);
printf("\n\t\t%.2f-%.2f=%.2f\n",num1,num2,num1-num2);
printf("\n\t\t%.2f*%.2f=%.2f\n",num1,num2,num1*num2);
printf("\n\t\t%.2f/%.2f=%.2f\n",num1,num2,num1/num2);
printf("\n\t\t%d%%%d=%d\n",(int)num1,(int)num2,(int)num1%(int)num2);
}
```

**【任务总结】**

（1）本程序由于是顺序执行，对于用户选择菜单项和输入是否继续运算的操作暂不考虑，因此任务 1 定义的 choose 和 flag 两个变量先不使用。

（2）为了保证程序的正确执行，需要对输入的数据进行合法性检查。如当运算类型为除法和求余数，应当先判断 num2 是否为 0，并给出相应的错误信息和处理。此功能将在任务 3 中完成。

# 任务 3 优 化 运 算

**【任务描述】**

（1）使用 if 语句实现菜单项选择的判断。

（2）使用 switch 语句实现主菜单的运算，并输出结果。

（3）使用 if 语句对除法和求余数的除数进行正确性验证。

**【任务分析】**

根据任务描述，该任务需要解决 3 个子任务。

（1）由于主菜单含有 5 个选项，属于多分支选择结构，可以使用 if-elseif 或 switch 语句实现。

（2）对参与运算的数据进行有效性判断。

（3）实现中断和退出程序的处理。

具体如项目表 1-3 所示。

项目表 1-3                                **任务 3 的任务名称与任务实现**

| 任务名称 | 任务实现 |
| --- | --- |
| 菜单项功能实现 | 使用 if-elseif 或 switch 语句实现 |
| 数据有效性判断 | 使用 if-else 语句和 printf()函数实现 |
| 中断和退出程序 | 使用 exit(0)函数实现 |

## 【任务实现】

（此程序段命名为程序段 C）

```c
#include <stdio.h>
#include <stdlib.h>
void main()
{
    程序段 A

    /*显示菜单*/
    程序段 B 菜单部分

    printf("\t\t 请输入运算类型(0~5)：");
    scanf("%d",&choose);
    if(choose>=0 && choose<=5)
    {
        /*输入参与运算的运算数*/
        程序段 B 输入运算数部分
    }
    /*使用 switch 语句实现简易计算器功能*/
    switch(choose)
    {
        case 1:
            printf("\n\t\t%.2f+%.2f=%.2f\n",num1,num2,num1+num2);
            break;
        case 2:
            printf("\n\t\t%.2f-%.2f=%.2f\n",num1,num2,num1-num2);
            break;
        case 3:
            printf("\n\t\t%.2f*%.2f=%.2f\n",num1,num2,num1*num2);
            break;
        case 4:
            if(num2==0)
                printf("\n\t\t 除数不能为 0!");
            else
                printf("\n\t\t%.2f/%.2f=%.2f\n",num1,num2,num1/num2);
            break;
        case 5:
```

```
            if(num2==0)
                printf("\n\t\t   除数不能为 0!");
            else

printf("\n\t\t%d%%%d=%d\n",(int)num1,(int)num2,(int)num1%(int)num2);
            break;
        case 0:
            exit(0);
        default:
            printf("\n\t\t   输入选项错误!\n");
    }
}
```

## 【任务总结】

（1）exit(0)函数：结束程序的执行。函数原型包含在"stdlib.h"头文件中。

（2）程序段 C 对程序段 B 进行了优化，只保留了主菜单和输入运算数部分，增加了对除法和求余数的除数有效性的判断。

（3）如果将程序中用来存放菜单选项的变量 choose 定义成 char 型，应如何修改程序？

（4）程序段 C 只能实现显示一次主菜单，如何使主菜单重复显示，将在任务 4 中完成。

# 任务 4　循 环 设 计

## 【任务描述】

（1）使用循环语句实现主菜单的重复显示。

（2）进行程序结束的判断。

## 【任务分析】

实现主菜单的重复显示，需要用到循环语句，C 语言提供了如下循环语句：

（1）while。

（2）do-while。

（3）for

如项目表 1-4 所示。

项目表 1-4　　　　　　　　　　　　　循环语句名称与使用场合

| 循环语句名称 | 使 用 场 合 | 循环语句名称 | 使 用 场 合 |
|---|---|---|---|
| while | 条件型循环<br>适用于循环次数未知的情况 | for | 计数型循环<br>适用于循环次数已知的情况 |
| do-while | | | |

## 【任务实现】

```
#include <stdio.h>
#include <stdlib.h>
void main()
{
/*定义变量：choose-运算符选择，num1、num2-参与运算的运算数，flag-选择项
程序段 A 部分*/
```

```c
int choose;
float num1,num2;
char flag='y';

/*使用 while 循环语句完成简易计算器的功能*/
while(flag=='y' || flag=='Y')
{
    /*显示菜单 程序段 B 菜单部分*/
    system("cls");
    printf("\n\n");
    printf("\t\t ┌──────────────────────────┐ \n");
    printf("\t\t │        简易计算器        │ \n");
    printf("\t\t ├──────────────────────────┤ \n");
    printf("\t\t │        1----加 法        │ \n");
    printf("\t\t │        2----减 法        │ \n");
    printf("\t\t │        3----乘 法        │ \n");
    printf("\t\t │        4----除 法        │ \n");
    printf("\t\t │        5----余 数        │ \n");
    printf("\t\t │        0----退 出        │ \n");
    printf("\t\t └──────────────────────────┘ \n");

    printf("\t\t 请输入运算类型(0~5)：");

    /*输入运算类型、参与运算的运算数*/
    scanf("%d",&choose);
    /*程序段 B 输入运算数*/
    if(choose>=0 && choose<=5)
    {
        printf("\n\t\t 请输入第一个运算数：");
        scanf("%f",&num1);
        printf("\n\t\t 请输入第二个运算数：");
        scanf("%f",&num2);
        printf("\n\t\t 运算结果为：\n");
    }

    /*使用 switch 语句实现简易计算器功能 程序段 C*/
    switch(choose)
    {
        case 1:
            printf("\n\t\t%.2f+%.2f=%.2f\n",num1,num2,num1+num2);
            break;
        case 2:
            printf("\n\t\t%.2f-%.2f=%.2f\n",num1,num2,num1-num2);
            break;
        case 3:
            printf("\n\t\t%.2f*%.2f=%.2f\n",num1,num2,num1*num2);
            break;
        case 4:
            if(num2==0)
                printf("\n\t\t 除数不能为 0!");
            else
```

```
            printf("\n\t\t%.2f/%.2f=%.2f\n",num1,num2,num1/num2);
        break;
    case 5:
    I    f(num2==0)
            printf("\n\t\t   除数不能为 0!");
        else
printf("\n\t\t%d%%%d=%d\n",(int)num1,(int)num2,(int)num1%(int)num2);
        break;

    case 0:
        exit(1);
    default:
        printf("\n\t\t   输入选项错误!\n");
    }

    /*判断是否继续运算*/
    printf("\n\t\t 是否继续计算(y 或 Y--继续，其他字符退出)?");
    scanf("\n%c",&flag);
}

/*结束程序，显示信息*/
system("cls");
printf("\n\n\n\n\n\n\t\t\t   谢谢使用! \n\n");
}
```

**【任务总结】**

（1）编写程序时，对于循环条件的设定要考虑全面。例如，本例中是否继续运算的回答就有'y'和'Y'两种输入可能，因此两种情况都要判断，否则就会使程序产生缺陷。

（2）可以使用函数 toupper（flag）将输入的字母均转换成大写字母，这样就只需要判断是否为大写'Y'，该函数原型在 string.h 头文件中。

（3）scanf("\n%c",&flag);中的'\n'的作用是为了把上次输入时所键入的"回车"键消去。

（4）本例的循环语句可以使用 3 种循环语句（while、do-while、for）的任何一种，但一般情况下，对于循环次数未知的循环通常选择 while 或 do-while 循环。

# 模 块 2

# 中级能力篇

- 第5章　　C语言的数组
- 第6章　　C语言的函数
- 项目2　　学生成绩统计系统

# 第 5 章　C 语 言 的 数 组

C 语言数据类型分为基本类型和构造类型，前面所学到的整型、字符型、实型都属于基本类型。C 语言中的构造类型有数组、结构体类型和共用体类型。

数组是指一组同类型数据的有序集合，每个数组在内存中占用一段连续的存储空间。用一个统一的数组名和下标来唯一地表示数组中的每一个元素。在许多场合，使用数组可以缩短和简化程序，因为可以利用下标值设计循环，高效地处理各种情况。

## 5.1　一 维 数 组

**学习目标**

◆ 掌握一维数组的概念

◆ 熟练使用一维数组处理同一类型的大批量数据

**试一试**

【例 5-1】 编写一个 C 程序，从键盘按顺序输入 5 个任意整数，将 5 个整数按逆序输出。测试数据如表 5-1 所示。

表 5-1　　　　　　　　　　　[例 5-1] 中输入/输出数据

| 输入 | 序号 | 1 | 2 | 3 | 4 | 5 |
|------|------|----|----|----|----|----|
|      | 数值 | 78 | 53 | 99 | 46 | 67 |
| 输出 | 序号 | 5 | 4 | 3 | 2 | 1 |
|      | 数值 | 67 | 46 | 99 | 53 | 78 |

```
/*
    源文件名：ch5-1.c
    功能：逆序输出 5 个数
*/
#include <stdio.h>
void main()
{
   int num[5],i;
   for(i=0;i<5;i++)
    {
      printf("请输入第%d 个数: ",i+1);
      scanf("%d",&num[i]);
    }
   printf("逆序输出:\n ");
for(i=4;i>=0;i--)
    {
```

```
        printf("第%d个数: ",i+1);
        printf("%d\n", num[i]);
    }
}
```

程序执行后，输出结果如图 5-1 所示。

图 5-1　［例 5-1］的运行结果

🎤 讲一讲

（1）数组声明：int num[5];

这个 num 就是一个数组类型的变量，包含了 5 个整型变量，每一个整型变量都称为这个数组的元素（也可称为单元）。我们还可以改变方括号中的数字，使 num 包含任意个数的元素，满足不同的需要。

声明一个数组，相当于声明一批变量，更重要的是，这些变量是"有组织"的。正如一群人，互不相干时，需要称呼名字来指定其中的某一位，而一旦他们以整齐排列的方式组织起来，就能用"第 7 位"或"第 3 行第 5 位"这样的称呼来指定某一位了。

（2）对数组变量 num，程序中可以用 num[1]、num[4] 来指定其中的元素，如果用 num[i] 来指定，那么指定的元素就随着 i 值的不同而不同了。显然，方括号中的表达式必须是整型的，这个值称为下标。

⚙️ 做一做

编写一个 C 程序，从键盘按顺序输入 10 个任意实型数，将 10 个实型数按输入顺序输出。

🔩 试一试

【例 5-2】 学校举办歌咏比赛，共有 10 个评委评分，以下是某同学参赛后 10 个评委给出的分数：67、84、90、88、75、80、78、95、77、91，编写一个 C 程序，计算该同学的所得平均分（保留两位小数）。

```
/*
    源文件名：li5-2.c
    功能：计算平均分
*/
#include <stdio.h>
void main()
```

```
{
int score[10]={67,84,90,88,75,80,78,95,77,91},i,sum=0;
float ave;
for(i=0;i<10;i++)
{
    sum=sum+score[i];
}
ave=sum/10.0;
printf("平均分为:%.2f\n",ave);
}
```

程序执行后，输出结果如图 5-2 所示。

图 5-2  ［例 5-2］的运行结果

 学一学

通过以上两个例子的分析，不难看出，C 语言的一维数组需先声明，再访问数组元素，数组元素的使用同普通变量。

1. 声明一维数组

声明数组的一般格式：

类型标识符  数组名[$N$]；

**说 明**

（1）类型标识符指定了数组中每个元素的类型。

（2）$N$ 指定了数组中包含的元素个数。例如，要存放 100 个职工的工资，且工资以实数形式表示，那么声明为

```
float salary[100];
```

（3）$N$ 只能是常量或常量表达式，不能是变量值。例如，下面这样定义数组是不行的

```
int n;
scanf("%d",&n);
int a[n];
```

2. 访问数组元素

访问数组中的元素时，必须指定数组名和下标。需要特别注意的是，数组中的第 1 个元素对应的下标不是 1，而是 0，第 2 个元素对应的下标不是 2，而是 1。依次类推，包含 $N$ 个元素的数组的最后一个元素的下标是 $N-1$。

例如，上面声明的数组 salary，元素与下标的对应关系如图 5-3 所示。

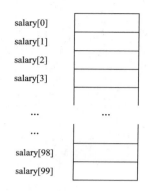

图 5-3 数组元素存储结构

如果要将数值 880 存入数组 salary 的第 3 个元素中，使用语句

```
salary[2]=880;
```

如果要将数值 5600 写入数组 salary 的第 1 个元素中，使用语句

```
salary[0]=5600;
```

如果要输出数组 salary 的第 2 个元素的值，可以使用语句

```
printf("%f",salary[1]);
```

如果要读出数组 salary 最后一个元素的值，存入变量 t 中，实现方法为

```
float t;
t=salary[99];
```

 注 意

由于数组的下标从 0 开始，造成下标与对应元素的序号不一致，影响程序的易理解性，在编程时容易发生差错，初学者尤其如此。因此，可以在声明数组时，让元素个数比实际需要多一个，从第 2 个（下标为 1）开始使用。

**3. 初始化数组元素**

有两种方法初始化数组元素。

方法 1：在定义数组的同时，初始化数组元素，例如

```
int score[10]={67,34,90,88,55,74,95,82,43,90};
```

方法 2：先定义数组，然后利用输入语句初始化数组元素，例如

```
int score[10];
int i;
for (i=0; i<10; i++)
{
scanf("%d",&score[i]);
}
```

说 明

（1）使用前一种方法时，列出的初始值可以少于数组元素个数，也就是只对前面一部分元素初始化，例如

```
int array1[5]={1,2,3,4};
```

（2）用上面的第一种方法初始化时，可以在方括号中省略元素个数，元素个数由后面的初始值个数决定，例如

```
float array2[ ]={3.1,13.12,3,524.7,11.25,5.6,7.8,112,72.1};
```

相当于

```
float array2[9]={3.1,13.12,3,524.7,11.25,5.6,7.8,112,72.1};
```

在有些情况下，这种方法可以避免清点数据的个数，为声明数组带来方便。

> 注意
>
> （1）如果声明数组时在方括号中指定了元素个数，那么初始化时的数据个数就不能超过元素个数。下面是错误的例子。
>
> ```
> int array3[5]={1,2,3,4,5,6};
> ```
>
> （2）初始化时，数据个数可以少于声明数组时在方括号中指定的元素个数，但不能一个也没有。下面是错误的例子。
>
> ```
> int array4[5]={};
> ```
>
> （3）如果声明数组时在方括号中不指定元素个数，那么必须紧接着进行初始化。下面是错误的例子。
>
> ```
> int array5[];
> ```

🐾 试一试

【例 5-3】　编写程序实现下述功能：有 10 位学生的成绩为 67，34，90，88，55，74，95，82，43，90，要求编写程序找出其中的最高分，及其在这批数中的位置。

```c
/*
源文件名：ch5_03.c
功能：最高分
*/
#include <stdio.h>
void main()
{
int scores[11] ={0,67,34,90,88,55,74,95,82,43,90};    //score[0]不使用
int max,max_index,i;
max=scores[1];
max_index = 1;
for(i=2;i<=10;i++)
{
    if(scores[i]>max)
    {
        max=scores[i];
        max_index=i;
    }
}

printf("10 个成绩:");
for (i=1;i<=10;i++)
{
    printf("%d",scores[i]);
}
printf("\n 最高分%d:",max);
printf("\n 第一个最高分的位置%d\n",max_index);
}
```

运行结果如图 5-4 所示。

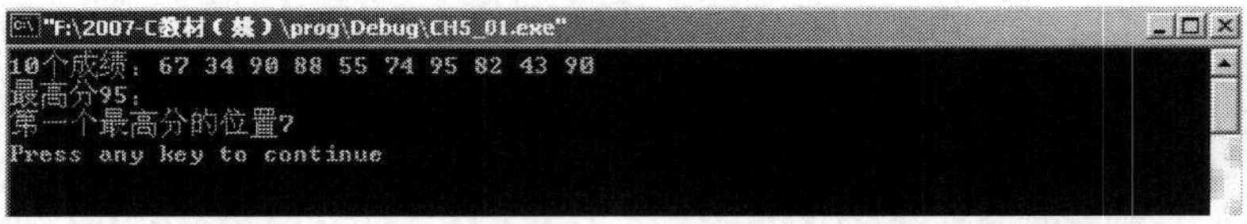

图 5-4　［例 5-3］的运行结果

讲一讲

（1）用变量 max 保存"目前的最高分"，用变量 max_index 保存这个最高分在数组中的位置。

（2）max 的初值就是第 1 个数据，这个数据存放在数组的第 1 号元素中，所以 max_index 的初值是 1。

（3）循环变量 i 的初值取 2；如果 i 超过 10，循环结束；如果第 i 个元素的值大于 max，则用元素的值刷新 max 的值，让 max_index 记下 i 的值。

（4）循环结束，输出 max 和 max_index 的值。

做一做

［例 5-3］中要求编写程序找出其中的最低分，该如何修改程序？

试一试

【例 5-4】　编写程序实现下述功能：在成绩表中查找某个成绩，给出是否找到的信息。如果找到了则要求输出该数在成绩表中所处的位置；如果找不到则输出"没有找到！"

```
/*
 源文件名：ch5-04.c
 功能：线性查找
*/
#include <stdio.h>
void main()
{
int scores[11]={0,67,34,90,88,55,74,95,82,43,92};    //scores[0]不用
int x,i,find=0;
printf("请输入要找的数:");
scanf("%d",&x);
for (i=1;i<11;i++)
    if(scores[i]==x)
    {
        find=1;
        break;
    }
if(find==1)
    printf("\n在成绩表第%d个位置找到了%d\n",i,x);
else
    printf("\n没有找到\n");
}
```

程序运行结果（输入数存在）如图 5-5 所示。

图 5-5 输入数存在时的运行结果

程序运行结果（输入数不存在）如图 5-6 所示。

图 5-6 输入数不存在时的运行结果

**讲一讲**

（1）使用变量 find 用以判断查找是否成功，0 表示未成功，1 表示成功，初始为 0。

（2）输入成绩与数组中数据一一对比，若找到所需的数即可退出循环，不必要搜索所有数组元素，并记录该数的位置。

（3）若找不到所需的数，将要查找的数依次和数组中所有元素比较，直到找遍整个数组为止。

**想一想**

［例 5-4］中，如果输入一个考分，但在成绩数组中有一个以上的考分与此相同，怎样处理？

**试一试**

【例 5-5】 编写程序实现下述功能：对一个包含 5 个成绩的无序成绩表进行排序，使其成为降序排列的成绩表，最后输出结果。

方法 1：选择法排序。

```
/*
源文件名：ch5-05 选择.c
功能：成绩表降序排序
*/
#include <stdio.h>
void main()
{
int scores[6] = {0,67,34,90,88,55};
int i,j,temp;
for (i=1; i<5;i++)              //5 个数进行 4 趟排序
    for (j =i+1; j<=5; j++)     //每一趟排序次数递减
```

```
        if (scores[i]<scores[j])        //如果前面的数小于后面的数，则交换
          {
              temp=scores[i];
              scores[i]=scores[j];
              scores[j]=temp;
          }
    printf( "排序结果：");
    for (j=1; j<=5; j++)
        printf("%d  ",scores[j]);
      printf("\n");
  }
```

程序运行结果如图 5-7 所示。

图 5-7　选择方法排序程序［例 5-5］的运行结果

**讲一讲**

（1）本程序中使用选择法排序，算法描述如下：

假设成绩表存放在数组 int scores[6] 中，从下标 1 的位置开始存放。

首先，考虑成绩表的第 1 个位置，这个位置应当放整个成绩表中最高的那个成绩，为了做到这一点，让 scores[1]与后续 scores[2]、…、scores[5]依次比较，保证大数在前，小数在后。此次比较，scores[1]是数组中最大的。

其次，考虑第 2 个位置，可以排除已经处理妥当的第 1 个位置，让 scores[2]与后续 scores[3]、…、scores[5]依次比较，保证大数在前、小数在后。此次比较，scores[2]是余下全部元素中最大的。

再考虑第 3 个位置，可以排除已经处理妥当的前 2 个位置，在其余位置上寻找一个最大的，然后把它换到第 3 个位置。依次类推，等到倒数第 2 个位置处理妥当，整个成绩表就是降序排列的了。

例如，待排序的 5 个数为 67　34　90　88　55
第 1 趟排序：第 1 次比较 67　34　90　88　55
　　　　　　　第 2 次比较 90　34　67　88　55
　　　　　　　第 3 次比较 90　34　67　88　55
　　　　　　　第 4 次比较 90　34　67　88　55
第 2 趟排序之后的结果：90　88　67　34　55
第 3 趟排序之后的结果：90　88　67　34　55
第 4 趟排序之后的结果：90　88　67　55　34

显然，整个排序过程是一个循环，循环变量等于几，就处理第几个位置。选择排序使用双重循环，外循环变量 i 表示处理第几个位置，i 的取值分别是 1、2、3、…、4。内层循环变量 j 的取值是 i+1、…、5。

（2）成绩表存放在数组 int scores[6]中，从下标 1 的位置开始存放，外循环变量 i 表示处理第几个位置，内循环变量 j 控制寻找。

方法 2：冒泡排序。

```
/*
源文件名：ch5-05冒泡.c
功能：成绩表降序排序
*/
#include <stdio.h>
void main()
{
int scores[6]={0,67,34,90,88,55};
int i,j,temp;
for (j=1;j<5;j++)                    //第 j 趟比较
    for(i=1;i<=5-j;i++)              //第 j 趟中两两比较 5-j 次
        if(scores[i]<scores[i+1])   //交换大小
        {
          temp=scores[i];
          scores[i]=scores[i+1];
          scores[i+1]=temp;
        }
printf( "排序结果: ");
for (j=1;j<=5;j++)
  printf("%d ",scores[j]);
printf("\n");
}
```

程序运行结果如图 5-7 所示。

**讲一讲**

（1）本程序中使用冒泡排序（从大到小），算法描述如下：

$n$ 个数排序，将相邻两个数依次进行比较，若前面数小，则两个数交换位置，直至最后一个元素被处理，最小的元素就"沉"到最下面，即在最后一个元素位置；然后，再将 $n-1$ 个数继续比较，重复上面操作，直至比较完毕。

可采用双重循环实现冒泡排序，外循环控制进行比较的趟数，内循环实现找出最大的数，并放在最后的位置上。$n$ 个数进行排序，共进行 $n-1$ 趟，内循环第 1 次循环找出 $n$ 个数的最大值，移放在最后位置上，以后每次循环中其循环次数和参加比较的数依次减 1。

（2）本程序中冒泡法排序过程如图 5-8 所示。

| 外循环 | 第 1 趟 | | | | 第 2 趟 | | | 第 3 趟 | | 第 4 趟 |
|---|---|---|---|---|---|---|---|---|---|---|
| 内循环 | 5 个数比较 4 次 | | | | 4 个数比较 3 次 | | | 3 个数比较 2 次 | | 2 个数比较 1 次 |
| 初值: | 1 次 | 2 次 | 3 次 | 4 次 | 1 次 | 2 次 | 3 次 | 1 次 | 2 次 | 1 次 |
| 67 | 67 | 67 | 67 | 67 | 90 | 90 | 90 | 90 | 90 | 90 |
| 34 | 34 | 90 | 90 | 90 | 67 | 67 | 67 | 67 | 88 | 88 |
| 90 | 90 | 34 | 88 | 88 | 88 | 88 | 88 | 88 | 67 | 67 |
| 88 | 88 | 88 | 34 | 55 | 55 | 55 | 55 | 55 | 55 | 55 |
| 55 | 55 | 55 | 55 | 34 | 34 | 34 | 34 | 34 | 34 | 34 |
| | 最小数 34 沉底，剩余 4 个数继续比较 | | | | 次小数 55 沉底，剩余 3 个数继续比较 | | | 67 沉底，剩余 2 个数继续比较 | | 排序结束 |

图 5-8  冒泡排序过程

**做一做**

［例 5-5］中要求编写程序从低到高进行升序排序，该如何修改程序？

**试一试**

【例 5-6】　编写程序实现下述功能：从键盘输入一个学生成绩，然后将其插入到一个降序排列的成绩表中，插入后的成绩表仍然保持降序，最后输出结果。

```c
/*
源文件名：ch5_07.c
功能：插入成绩
*/
#include <stdio.h>
#define N 5
void main()
{
float scores[N+2]={0,92,88,72,59,32};
float x;
 int p,i;
printf( "原成绩表:");
for (i=1; i<=N; i++)
      printf("%.2f  ", scores[i]);

printf( "\n 输入一个需插入的成绩: ");
scanf("%f",&x);
p=1;
while((p<=N)&&(x<scores[p]))          //找插入位置
      p++;
for(i=N;i>=p;i--)                      //从插入位置开始向后移动
      scores[i+1] = scores[i];
scores[p]=x;
   printf( "\n 新成绩表: ");
for(i=1;i<=N+1;i ++)
      printf("%.2f ", scores[i]);
printf("\n");
}
```

程序运行结果如图 5-9 所示。

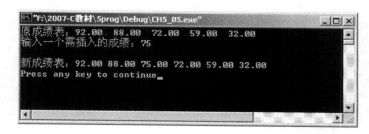

图 5-9　［例 5-6］的运行结果

**讲一讲**

（1）假定成绩表存放在数组 scores 中，输入的成绩是 x，首先要在成绩表中从头开始找到第一个比 x 小的成绩，x 就应该插在这个成绩之前。为了空出 x 的存放位置，从这个成绩开始，直到最后一个成绩，都要向后移动一个位置。

（2）假定成绩表中原有 N 个成绩；用实型数组 scores[N+2]存放 N 个成绩，从下标 1 开始，在声明时初始化，多余一个位置准备插入新的成绩。

**做一做**

［例 5-6］中若改为从一个已排好序的成绩中删除一个，该如何修改程序？（假定分数是不相同的）

**想一想**

若老师要求你编写一个程序对一门课的考试成绩进行处理，要求具有查找、排序、插入和删除等功能，并可选择性地多次操作，该如何编写程序实现呢？

## 5.2 字 符 数 组

**学 习 目 标**

◆ 掌握字符数组的概念
◆ 熟练掌握字符数组元素的引用
◆ 掌握字符串的输入/输出
◆ 掌握字符串函数的使用

**试一试**

【例 5-7】 编写程序实现下述功能：输入一字符串，计算并输出其中字母 e（大小写不论）的个数。

```
/*
源文件名：ch5_7.c
功能：字母 e 的个数
*/
#include <stdio.h>
void main()
{
char str[256]="";
int count=0;
int i=0;
printf("请输入一字符串:");
gets(str);                        \\输入字符串放入 str 字符数组中
while(str[i]!='\0')
{
    if(str[i]=='e'||str[i]=='E')
                count++;
    i++;
}
```

```
printf("字符串中 e 或 E 的个数：%d\n" ,count);
}
```

程序运行结果如图 5-10 所示。

图 5-10　［例 5-7］的运行结果

**讲一讲**

（1）用字符数组 str[256]保存字符串，用整型变量 count 记录字母 e 的个数，初值为 0。

（2）输入字符串到 str。

（3）构造循环，将循环变量 i 取初值 0；如果 str[i]的值是字符 e 或 E，count 加 1。如果不是字符 e 或 E，则判断下一个。

（4）如果 str[i]的值是'\0'，输出 count 的值。

**做一做**

把［例 5-7］源程序中 gets(str)改为 scanf("%s",str);看看结果如何？

**学一学**

字符数组的定义、初始化与前面所介绍的一维数组定义、初始化格式基本类同。其类型说明符为 char。

1. 字符数组的定义

一维字符数组定义格式为

char　数组名[长度];

需注意的是字符数组存放字符串时，定义长度中要包含字符串结束标志'\0'的位置。

例如：char a[10];　　　　　　　/*定义了长度为 10 的一维数组 a*/

2. 字符数组的初始化

字符数组有两种初始化方法。

（1）按单个字符的方式赋初值。例如

```
char ch[5]={'a','b','c','d','e'};
char ch[]={'a','b','c','d','e'};
```

**注意**

初值个数不大于数组长度；若小于数组长度，其余元素自动定为空字符（即'\0'）

（2）把一个字符串作为初值赋给字符数组。例如

```
char c[6]={"CHINA"};
char c[6]="CHINA";          /*省略{}*/
char c[]={"CHINA"};         /*省略字符串长度*/
char c[]="CHINA";
```

注　意

（1）char　str[ ]="abcde";

定义等价于 char str[ ]={'a','b','c','d','e','\0'}; //大小是 6
但却不等价于 char str[ ]={'a','b','c','d','e'};　　　//大小是 5

（2）也可以这样为一个字符数组变量赋初值：

char str[10]="abcde";　　　　　　　　　　　　　//大小是 10

它等价于

char str[10]={'a','b','c','d','e'};

因为，未指定值的字符单元默认被赋值为'\0'了。

（3）字符串常量只能在定义字符数组变量时赋初值给字符数组变量，而不能将一个
字符串常量直接赋值给字符数组变量。

下面的做法是错误的。

```
char str[20];
str="abcdef";
```

**str** 是数组名，不能被赋值。要想将一个字符串常量"赋值"给一个字符数组变量，需要
利用后面所介绍的标准库函数。

3. 字符串的概念及存储

字符串是指若干有效字符的序列，其表示方法是用双引号将字符序列括起来，如"string"。
字符串可以包括转义字符及 ASCII 码表中的字符（控制字符以转义字符出现）。在对字符串
进行处理时，字符串存放在字符数组中。

字符串占连续的存储空间，字符串中的每一个字符占 1 字节，字符数组名表示存储空间
的首地址，即第一个字符的首地址。例如

```
char s[14]={"How are you?"};
```

系统将双引号括起来的字符依次赋给字符数组的各个元素，并自动在末尾补上字符串结
束标志'\0'，并一起存到字符数组 s 中，s 的长度为 14，实际字符只有 12 个，其存储示意图如
图 5-11 所示。

| s[0] | s[1] | s[2] | s[3] | s[4] | s[5] | s[6] | s[7] | s[8] | s[9] | s[10] | s[11] | s[12] | s[13] |
|------|------|------|------|------|------|------|------|------|------|-------|-------|-------|-------|
| H | o | w | | a | r | e | | y | o | u | ? | \0 | |

图 5-11　字符串存储方式

试一试

【例 5-8】　以下程序段中当输入以下字符串"How are you?"时，输出结果是什么？

```
/*
源文件名：ch5_8.c
功能：字符串输入/输出
*/
```

```
#include <stdio.h>
void main()
{  char a[15],b[5],c[5];
   printf("请输入 How are you?\n");        //提示信息
   scanf("%s%s%s",a,b,c);
   printf("a=%s\nb=%s\nc=%s\n",a,b,c);
   printf("请再次输入 How are you?\n");    //提示信息
   scanf("%s",a);
   printf("a=%s\n",a);
}
```

程序运行结果如图 5-12 所示。

图 5-12　[例 5-8] 运行结果

讲一讲

（1）scanf 中%s 输入时，按"空格"或"回车"键结束。

（2）第 1 次输入"How are you?"，分别输入到字符串 a，b，c 中。

（3）第 2 次输入"How are you?"，将"How"输入到字符串 a 中。

学一学

字符串的输入/输出可采用以下方法：

1. 用 scanf()、printf()函数输入/输出

（1）用格式符"%c"逐个输入/输出。例如：

```
#include <stdio.h>
void main()
{
  char c[10];
  int i;
  for(i=0;i<10;i++)
    scanf("%c",&c[i]);
  for(i=0;i<10;i++)
    printf("%c ",c[i]);
}
```

程序运行结果：

abcdefghij↙（输入）
a b c d e f g h i j

**说　明**

程序中的第 1 个 for 循环语句，将输入的字符'a'，'b'，'c'，'d'，'e'，…，'j'分别赋给 a[0]，a[1]，a[2]，a[3]，a[4]，…，a[9]，第 2 个 for 循环语句则将字符数组元素的值输出。

**注　意**

利用 "%c" 进行输入/输出时，每按下一个键均作为一个字符，包括 "回车" 键。

（2）用格式符 "%s" 整串输入/输出。由于数组名表示第 1 个字符的首地址，故在输入/输出时可直接使用数组名。如上例可修改为

```
void main()
{
  char c[10];
  scanf("%s",c);
  printf("%s ",c);
}
```

**注　意**

（1）输出字符不包括结束符'\0'。

（2）利用 "%s" 进行输入时，输入的结束标记是 "空格" 或换行符。

（3）如果数组长度大子字符串实际长度，也只输出到遇'\0'结束。如

```
char  c[10]={"China"};
printf("%s",c);
```

也只输出 "China" 5 个字符，而不是输出 10 个字符。这就是用字符串结束标志的好处。

（4）如果一个字符数组中包含一个以上'\0'，则遇第 1 个'\0'时输出就结束。

2．用字符串处理函数输入/输出

字符串的输入/输出还可以使用 gets()和 puts()进行整体的输入/输出，使用这两个函数必须在程序的开头增加包含命令 "#include <stdio.h>"。

（1）字符串输入函数。

格式：gets（字符数组名）

功能：从键盘上输入一个字符串存入到指定的字符数组中，以换行符作为结束标记，返回字符数组的首地址。

（2）字符串输出函数。

格式：puts（字符数组名）

功能：把字符数组中存放的字符串输出，把字符串结束标记转换为换行符。

把上例修改为

```
#include <stdio.h>
void main()
```

```
{
  char c[10];
  gets(c);
  puts(c);
}
```

程序运行结果：

I learn Turbo C.↙（输入）
I learn Turbo C.

从这个程序可以看出，用 gets()函数可以解决字符串中含空格问题。

注 意

（1）用 gets()、puts()、scanf("%s"，…)、printf("%s"，…)函数进行字符数组的整体输入、输出时，参数是数组名。

（2）注意 gets()和 scanf("%s"，…)的区别，gets()输入字符串时，其结束标志是换行符，而 scanf("%s"，…)输入字符串时其结束标志是"空格"或换行符。

试一试

【例 5-9】　定义一字符数组用来存放用户输入的密码，如果用户输入的密码等于"123"，则输出欢迎登录的提示信息；否则提示重新输入密码，输入 3 次错误则结束程序。

```
/*
源文件名：li5_9.c
功能：验证密码程序
*/
#include  <stdio.h>
#include  <string.h>
#include  <stdlib.h>
void main()
{
  char password[30];              /*定义字符数组 password*/
  int i=0;
  printf("请输入密码:\n");
  while(1)                        /*检验密码*/
  {
    gets(password);              /*输入密码*/
    if(strcmp(password,"123")!=0)  /*如果密码不等于123*/
  {
    i++;
    if(i==3)
  {
    printf("你已输入 3 次错误密码，无权进入！\n");
    exit(0);                     /*输入 3 次错误的密码，退出程序*/
  }
  printf("请输入密码:\n");
  }
```

```
    else
        break;                          /*输入正确的密码，中止循环*/
    }
    printf("欢迎登录");                   /*输入正确密码所进入的程序段*/
    getchar();
}
```

程序运行结果请读者自行验证。

🎓 **讲一讲**

（1）［例 5-9］中 while 语句中的条件表达式是 1，表示永真，而退出循环是利用循环体中的 **break** 语句实现的。即当 strcmp(password,"123")==0 时，表示密码等于 "123"，则跳出循环。

（2）当输入的密码 3 次都不等于 "123" 时，if(i==3)条件必然成立，则执行 exit(0)语句结束程序。

🎓 **学一学**

C 语言提供了多个专门处理字符串的函数，使用这些库函数可以大大减轻编程负担。在使用前必须加#include <string.h>。下面介绍这些函数的格式及使用方法。

1. 字符串连接函数 strcat()

格式：strcat（字符数组名 1，字符数组名 2）

或 strcat（字符数组名 1，字符串常量）

功能：将第 2 个参数所指的字符串连接到第 1 个参数所指的字符串的后面，并自动覆盖第 1 个参数所指的字符串的尾部字符'\0',函数调用后得到一个函数值——字符数组 1 的地址。

字符串连接示例如下。

```
#include <stdio.h>
#include <string.h>
void main()
{
  char str1[30]="We ";
  char str2[]="study ";
  strcat(str1,str2);
  printf("%s\n",str1);
  strcat(str1,"C Language.");
  printf("%s\n",str1);
}
```

程序运行结果如图 5-13 所示。

图 5-13  字符串连接示例运行结果

**注 意**

字符数组 1 的大小一定要能容纳连接后的新字符串。否则将造成数组越界操作，非常危险。

2. 字符串复制函数 strcpy( )

格式：strcpy（字符数组名 1，字符数组名 2[，整型表达式]）

或 strcpy（字符数组名 1，字符串常量[，整型表达式]）

功能：将第 2 个参数表示的前 "整型表达式" 个字符存入到指定的 "字符数组名 1" 中，若省略 "整型表达式"，则将第 2 个参数表示的字符串整个存入 "字符数组名 1" 中。返回字符数组的首地址。

字符串复制示例如下。

```c
#include <stdio.h>
#include <string.h>
void main()
{
  char str1[20],str2[20];
  strcpy(str1, "Hello");
  printf("%s\n",str1);
  strcpy(str2,str1);
  printf("%s,%s\n",str1,str2);
}
```

程序运行结果如图 5-14 所示。

图 5-14 字符串复制示例运行结果

**注 意**

（1）字符数组 1 必须定义得足够大，以便容纳被复制的字符串。字符数组 1 的长度不应小于第 2 个参数表示的字符串的长度。

（2）不能用赋值语句将一个字符串常量或字符数组直接赋给一个字符数组。下面写法是不合法的。

```c
strl={"China"};
strl=str2;
```

而只能用 strcpy 函数处理。用赋值语句只能将一个字符赋给一个字符型变量或字符数组元素。如下是合法的。

```c
char  a[5],c1,c2;
c1='A';c2='B';
```

a[0]='C';a[1]='h';a[2]='i',a[3]='n';a[4]='a';

（3）可以用 strcpy 函数将第 2 个参数表示的字符串中前面若干个字符复制到字符数组 1 中去。例如，strcpy(str1，str2，2)；作用是将 str2 中前面 2 个字符复制到 str1 中去，然后再加一个'\0'.

**3. 字符串比较函数 strcmp()**

格式：strcmp（字符串 1，字符串 2）

功能：对两个字符串自左至右逐个字符相比（按 ASCII 码值大小比较），直到出现不同的字符或遇到'\0'为止。如全部字符相同，则认为相等；若出现不相同的字符，则以第一个不相同的字符的比较结果为准。比较的结果由函数值带回。比较结果有以下 3 种情况：

（1）如果字符串 1=字符串 2，函数值为 0。

（2）如果字符串 1>字符串 2，函数值为一正整数。

（3）如果字符串 1<字符串 2，函数值为一负整数。

 **注 意**

对两个字符串比较，不能用 if(str1==str2)printf("yes\n");而只能用 if(strcmp(str1, str2)==0) prinif("yes\n");

字符串比较示例如下。

```
#include <stdio.h>
#include <string.h>
void main()
{
  char str1[]={"abcde"};
  char str2[]={"abcdef"};
  strcpy(str1,"Hello");
  if(strcmp(str1,str2)==0)
     printf("yes\n");
  else printf("no\n");
}
```

程序运行结果如图 5-15 所示。

图 5-15　字符串比较实例运行结果

**4. 测试字符串长度函数 strlen()**

格式：strlen（字符数组名）或 strlen（字符串常量）

功能：测试字符串的实际长度，不包括'\0'在内。

测试字符串长度示例如下。

```c
#include <stdio.h>
#include <string.h>
void main()
{
  char a[20]="Very good!";
  int n1,n2;
  n1=strlen("Good bye.");
  n2=strlen(a);
  printf("n1=%d,n2=%d\n",n1,n2);
}
```

程序运行结果如图 5-16 所示。

图 5-16　　测试字符串长度示例运行结果

5. 大写字母全部转换为小写字母函数 strlwr()

格式：strlwr（字符串）

功能：将指定字符串中所有的大写字母转换为小写字母，返回转换后的字符串的首地址。

6. 小写字母全部转换为大写字母函数 strupr()

格式：strupr（字符串）

功能：将指定字符串中所有的小写字母转换为大写字母，返回转换后的字符串的首地址。

　说　明

　　字符串函数包含于头文件"string.h"中，常用的字符串函数见附录 C；字符函数包括于头文件"ctype.h"中，常用的字符函数见附录 C。

## 5.3　知　识　扩　展

学习目标
- ◆ 掌握二维数组的概念
- ◆ 熟练二维数组的定义和引用
- ◆ 掌握字符串数组的使用方法

试一试

【例 5-10】　编写程序实现下述功能：将下列 3 行 3 列矩阵的元素存入数组，然后找出每一行的最大值并输出。

$$
\begin{array}{ccc}
2 & 5 & 7 \\
1 & 8 & 6 \\
9 & 7 & 6
\end{array}
$$

```
/*
源文件名：ch5_10.c
功能：寻找每一行的最大值
*/
#include <stdio.h>
void main()
{
int a[3][3]={{2,5,7},{1,8,6},{9,7,6}};
int i,j,max;
//输出矩阵
for(i=0;i<3;i++)
{
    for(j=0;j<3;j++)
        printf("%d ",a[i][j]);
    printf("\n");
}
for (i=0;i<3;i++)
{
    max=a[i][0];
    for(j=1;j<3;j++)
    {
        if(a[i][j]>max)
            max=a[i][j];
    }
printf("第%d 行的最大值是%d：\n",i+1,max);
}
}
```

程序运行结果如图 5-17 所示。

图 5-17　［例 5-10］的运行结果

🔬 讲一讲

（1）用二维数组 a[3][3]存放矩阵，max 存放一行中目前的最大值。

（2）用二重循环显示矩阵元素，用循环变量 i 控制行号，初值为 0。

（3）用 a[i][0]的值作为本行目前最大值。

（4）用循环变量 j 控制列号，初值为 1；如果 a[i][j]>max，用 a[i][j]的值作为 max 的新值；如果 j>=3，输出 max 的值。

⚙ 做一做

将［例 5-10］程序修改，要求按如图 5-18 所示格式显示屏幕提示，并从键盘输入 3 行 3

列矩阵的元素，然后找出每一列的最小值并输出。

图 5-18　屏幕输入格式

 想一想

如果要求输入矩阵元素时按行输入数据，该如何编写程序？

 学一学

1．声明二维数组

声明二维数组的一般格式。

类型标识符　变量名[*N*1][*N*2]；

> **说　明**
>
> （1）类型标识符指定了数组中每个元素的类型。
> （2）*N*1 指定了数组中包含的元素行数，*N*2 指定了数组中包含的元素列数。
> （3）数组的第 1 个下标范围是从 0～*N*1–1，第 2 个下标范围是从 0～*N*2–1。

2．访问与初始化二维数组

访问二维数组元素的一般格式

数组名[下标 1][下标 2]

例如，声明了数组 int score[20][5]；

（1）若要把数组 score 的第 1 行第 4 列元素的值赋给字符变量 t，使用语句

t=score[0][3]；

（2）若要向数组 score 的第 3 行第 5 列元素存入 90，使用语句

score[2][4]=90；

> **说　明**
>
> （1）二维数组初始化的方法与一维数组类似，但每一行的值都用一对花括号括起来。
> 例如

```
int a[2][2]={{1,3},{8,6}};
```

（2）对整型和实型的二维数组，有以下特殊情况

1）实际数据的列数可以少于数组的列数，这时只对每一行的前面部分初始化，例如

```
int a[2][9]={{1,3},{8,6}};
```

2）行数可以省略，由实际数据决定。例如

```
int a[][2]={{1,3},{8,6},{9,5}};
```
相当于 `int a[3][2]={{1,3},{8,6},{9,5}};`

3）在行数和列数都不省略的情况下，内层的花括号可以省略。例如

```
int a[2][2]={1,3,8,6};
```

### 3. 字符串数组

存放成批字符串通常使用字符型的二维数组。在很多场合下，可以把字符型的二维数组当作"字符串型"的一维数组处理。

例如，`char name[3][20] = {"zhang li","wang hua","liu xing"};` 中 **name[0]** 表示"**zhang li**"。

🔖 **试一试**

【例 5-11】 编写程序实现下述功能：从键盘依次输入 1 号～10 号学生的姓名（字符个数不超过 19），然后按字典序进行排序，最后输出结果。

```
/*
源文件名：ch5_11.c
功能：按字典序排序学生姓名
*/
#include <stdio.h>
#include <string.h>    //为了使用函数 strcpy、strcmp，要把头文件 string.h 加进来
void main()
{
char name[11][20],temp[20];
int i,j;
//输入学生姓名
for (i=1;i<=10;i++)
{
   printf("请输入%d 号学生的姓名：",i);
   gets(name[i]);
}
for(i=1;i<10;i++)
{
   for(j=i+1;j<=10;j++)
   {
      if(strcmp(name[i],name[j])> 0)
      {
         strcpy(temp,name [j]);
         strcpy(name [j],name[i]);
         strcpy(name[i],temp);
      }
   }
}
```

```
}
printf( "排序结果: \n");
for(i=1;i<=10;i++)
    puts(name [i]);
puts("\n");
}
```

程序运行结果如图 5-19 所示。

图 5-19  〔例 5-11〕的运行结果

⊛/讲一讲

（1）可以看作对一维字符串数组的输入、排序和输出，使用〔例 5-5〕已经介绍过的排序算法。

（2）用二维字符数组 name [11][20]存放 10 个姓名，用一维字符数组 temp[20]用作中间交换用。

（3）字符串的比较和赋值分别采用字符串函数 strcmp()和 strcpy()完成。

（4）字符串比较大小时，实际上是根据两字符对比时出现的第 1 对不相等的字符的大小来决定它们所在字符串的大小的。

## 5.4  课 后 练 习

**一、选择题**

1. 有定义语句 "int a[][3]={1, 2, 3, 4, 5, 6};"，则 a[1][0]的值是_____。

    A. 4          B. 1          C. 2          D. 5

2. 执行下面的程序段后，变量 k 中的值为_____。

```
int k=3,s[2];
s[0]=k;
k=s[1]*10;
```

    A. 不定值          B. 33          C. 30          D. 10

3．在定义"int a[10];"之后，对 a 元素的引用正确的是_____。

  A．a[10]　　　　　B．a[6,3]　　　　C．a(6)　　　　　D．a[10-10]

4．以下程序的输出结果是_____。

```
void main()
{
   int a[10],i;
   for(i=9;i>=0;i--)
     a[i]=10-i;
   printf("%d%d%d",a[2],a[5],a[8]);
}
```

  A．258　　　　　B．741　　　　　C．852　　　　　D．369

5．以下程序的输出结果是_____。

```
void main()
{
   int p[7]={11,13,14,15,16,17,18},i=0,k=0;
   while(i<7&&p[i]%2)
   {k=k+p[i];
    i++;}
   printf("%d\n",k);
}
```

  A．58　　　　　B．56　　　　　C．45　　　　　D．24

6．合法的数组定义是_____。

  A．int a[]="string";　　　　　B．int a[5]={0,1,2,3,4,5};

  C．int  s="string";　　　　　D．char a[]={0,1,2,3,4,5};

7．有两个字符数组 a[40]，b[40]，则以下正确的输入语句是_____。

  A．gets(a,b);　　　　　B．scanf("%s%s",a,b);

  C．scanf("%s%s",&a,&b);　　　　　D．gets("a");gets("b");

8．判断两个字符串是否相等，正确的表达方式是_____。

  A．while(s1==s2)　　　　　B．while(s1=s2)

  C．while(strcmp(s1,s2)==0)　　　　　D．while(strcmp(s1,s2)=0)

9．运行下面的程序，如果从键盘上输入：ABC 时，输出的结果是_____。

```
#include <string.h>
void main()
{
   char ss[10]="12345";
   strcat(ss,"6789");
   gets(ss);
   printf("%s\n",ss);
}
```

  A．ABC　　　　B．ABC9　　　　C．123456ABC　　　　D．ABC456789

10．以下程序的输出结果是_____。

```
void main()
{
   char str[12]={ 's','t','r','i','n','g'};
```

```
  printf("%d\n",strlen(str));
}
```

    A. 6　　　　　　B. 7　　　　　　C. 11　　　　　D. 12

11. 以下程序运行后，输出结果是_____。

```
void main()
{
 char  cf[3][5]={"AAAA","BBB","CC"};
 printf("\"%s\"\n",cf[1]);
}
```

    A. "AAAA"　　B. "BBB"　　　C. "BBBCC"　D. "CC"

12. 以下程序段的输出结果是_____。

```
char s[]="\\141\141abc\t";
printf("%d\n",strlen(s));
```

    A. 9　　　　　　B. 12　　　　　C. 13　　　　　D. 14

13. 以下程序的输出结果是_____。

```
void main()
{
   char w[][10]={"ABCD","EFGH","IJKL","MNOP"},k;
   for(k=1;k<3;k++)
     printf("%s\n",w[k]);
}
```

    A. ABCD　　　　B. ABCD　　　　C. EFG　　　　D. EFGH
       FGH　　　　　  EFG　　　　　  JK　　　　　  IJKL
       KL　　　　　   IJ　　　　　　 O
       M

14. 下列程序执行后的输出结果是_____。

```
#include <string.h>
void main()
{
   char arr[2][4];
   strcpy(arr,"you");
   strcpy(arr[1],"me");
   arr[0][3]='&';
   printf("%s\n",arr);
}
```

    A. you&me　　B. you　　　　C. me　　　　D. err

15. 以下程序的输出结果是_____。

```
void main()
{
   int a[3][3]={{1,2},{3,4},{5,6}},i,j,s=0;
   for(i=1;i<3;i++)
     for(j=0;j<=i;j++)
       s+=a[i][j];
   printf("%d\n",s);
}
```

    A. 21　　　　　　B. 19　　　　　C. 20　　　　　D. 18

16. 以下程序的输出结果是_____。

```
void main()
{
   int x[3][3]={1,2,3,4,5,6,7,8,9},i;
   for(i=0;i<3;i++)
     printf("%d ",x[i][2-i]);
}
```

     A．1 5 9       B．1 4 7       C．3 5 7       D．3 6 9

17. 若有以下定义语句，则表达式"x[1][1]*x[2][2]"的值是_____。

```
   float  x[3][3]={{1.0,2.0,3.0},{4.0,5.0,6.0}};
```

     A．0.0       B．4.0       C．5.0       D．6.0

## 二、填空题

1. 在定义"int a[5][6];"后，第 10 个元素是_____。

2. 当接收用户输入的含空格的字符串时，应使用的函数是_____。

3. 以下程序的输出结果是_____。

```
void main()
{
   char s[]="abcdef";
   s[3]='\0';
   printf("%s\n",s);
}
```

4. 以下程序的输出结果是_____。

```
void main()
{
   int m[][3]={1,4,7,2,5,8,3,6,9};
   int i,k=2;
   for(i=0;i<3;i++)
   printf("%d",m[k][i]);
}
```

5. 以下程序的输出结果是_____。

```
void main()
{
   int b[3][3]={0,1,2,0,1,2,0,1,2},i,j,t=1;
   for(i=0;i<3;i++)
     for(j=i;j<=i;j++)
        t=t+b[i][b[j][i]];
   printf("%d\n",t);
}
```

## 三、编写程序

1. 编写程序实现下述功能：有 10 位学生的成绩：17、34、90、88、55、74、95、82、43、90、编写程序找出其中的最高分，并将最高分与第一个成绩交换位置。

2. 编写程序实现下述功能：将数组 a 的内容逆置重放。要求不得另外开辟数组，只能借助于一个临时存储单元。

3．编写程序实现下述功能：有一个已经排好序的数组。要求输入一个数，在数组中查找是否有这个数，如果有，则将该数从数组中删除，要求删除后的数组仍然保持有序；如果没有，则输出"数组中没有这个数！"

4．编写程序实现下述功能：输入一字符串，分别统计其中 26 个字母（大小写不论）的个数，最后输出统计结果。

5．编写程序实现下述功能：从键盘输入两个字符串，然后在第一个字符串中的最大字符后面插入第二个字符串。

6．编写程序实现下述功能：从键盘输入 3 行 3 列矩阵的元素，然后找出全部元素中的最大值与最小值并输出。

7．编写程序实现下述功能：从键盘输入 3 行 3 列矩阵的元素，然后分别计算两条对角线上数值的之和，并输出结果。

# 5.5　上 机 实 训

【实训目的】

（1）熟悉变量、数组定义、使用、输入、输出等基本操作。

（2）掌握字符数组和字符串的使用。

【实训内容】

| 实训步骤及内容 | 题　目　解　答 | 完成情况 |
|---|---|---|
| 准备阶段：<br>（1）在磁盘上建立工作目录。<br>（2）启动 Visual C++ 6.0 | | |
| 实训内容：<br>实训 1：有 10 个学生参加考试，要求使用一维数组编写程序实现下述功能：<br>（1）录入每个学生的考试成绩。<br>（2）按成绩由高到低进行排序。<br>（3）输入一个学生成绩，在成绩表中查询，查到则显示其序号；查不到，显示查无此人 | | |
| 实训 2：按下述要求编写口令检查程序（假如正确口令为 8888）。<br>（1）若输入口令正确，则提示"欢迎进入"，程序结束。<br>（2）若输入口令不正确，则提示"错误密码"，同时检查口令是否已输入 3 次，若未输入 3 次，则提示"请再次输入密码："，且允许用户再次输入口令；若已输入 3 次，则提示"你已输入 3 次，不能进入！"程序结束 | | |
| 实训总结：<br>老师经常进行成绩处理，能否在实训 1 的基础之上，将功能扩展，使之具有插入、删除、查找和排序等功能，并可选择性地多次操作 | | |

# 第 6 章　C 语 言 的 函 数

在前几章的学习过程中，都是在主函数中编写代码。有些读者可能会有这样的疑问："C语言程序只有一个函数吗？"当然不是。为了让读者更深入地理解 C 语言程序设计的基本思想，设计更好的 C 语言程序结构，现在来探讨 C 语言程序的基本单位——函数。

在 C 语言程序设计中通常将一个较大的程序分解成若干个较小的、功能单一的程序模块来实现，这些完成特定功能的模块称为函数。　函数是组成 C 语言程序的基本单位，一个 C语言程序是由一个或者多个函数组成的。

C 语言的函数有两种：标准函数和自定义函数。前者由系统提供，如 $\sin(x)$、$\mathrm{sqrt}(x)$ 等，这类函数只要用户在程序的首部把相应的头文件包括进来即可直接调用；后者是程序员根据需要自己定义的函数。本章主要讨论自定义函数的定义与引用方法。

## 6.1　函 数 的 定 义

学 习 目 标

◆ 理解函数的作用
◆ 掌握函数的定义

试一试

【例 6-1】 编写程序实现下述功能：输入两个非 0 整数 $a$ 和 $b$，然后求得 $a^b$ 和 $b^a$ 并输出结果。

```
/*
   源文件名：ch6_01.c
   功能：方幂函数
 */
#include <stdio.h>
float f(int x, int y)
{
    int i;
    float r;
    r = 1;
    if(y<0)                      //指数为负整数
    {
        for(i=1;i<=-y;i++)
            r=r*x;
        r=1/r;
    }
    else                         //指数为正整数
    {
        for(i=1;i<=y;i++)
```

```
                    r=r*x;
            }
        return r;
}
void main()
{
        int a,b;
        float c;
        printf( "输入两个非 0 整数:");
        scanf("%d%d",&a,&b);
        c=f(a,b);
        printf("%d 的%d 次方是%f\n",a,b,c);
        c=f(b,a);
        printf("%d 的%d 次方是%f\n",b,a,c);
}
```

**讲一讲**

（1）函数 *f* 的函数体包含着计算 $x^y$ 的程序，函数首部的 f(int x, int y) 从形式到含义都与数学中的函数 $f(x,y)$ 相似，f 是函数名，括号中的 x 和 y 在数学中称为自变量，在函数首部中称为参数。在数学中，用具体的值代入自变量，就确定了函数值，在程序中，用具体的值 a、b 或 b、a "代入" 参数，就能算出函数值。与数学稍有不同的是，参数和函数值都要指明类型。

（2）程序的执行过程如图 6-1 所示，其中左边是主函数 main() 的执行部分，右边是函数 f 的执行部分。

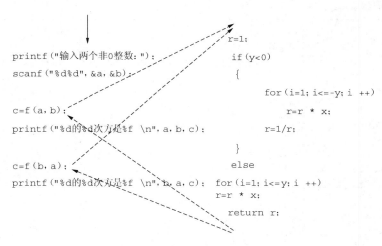

图 6-1　调用函数执行过程

（3）无论主函数 main( ) 的前后有没有其他函数，程序总是从主函数的开头执行到主函数的末尾。在执行过程中，遇到 "c=f(a,b);" 中的函数符号 f 时，会发生一个称为 "函数调用" 的三步曲：

1） "对号入座"，依次把 a、b 的值赋给函数的变量 x、y；

2）依次执行函数 f 中的语句；

3）返回到主函数继续执行，并且带回 r 的值作为 f(a, b) 的值。

（4）在遇到"c=f(b,a);"中的函数符号 f 时，函数调用再次发生，但这次的"对号入座"次序变了，带回的值也相应变了。

**学一学**

函数定义就是在程序中编写函数，函数定义必须遵照 C 语言规定的格式。任何函数都由函数首部和函数体组成。根据函数是否需要参数，可将函数分为有参函数和无参函数两种。

1. 有参函数的一般形式

类型标识符　函数名（数据类型 参数[,数据类型　参数 2…]）
```
{
    声明部分;
    语句;
}
```

类型标识符表示函数值的数据类型，不产生函数值的类型标识符是 void。［例 6-1］中，函数 f 的类型标识符是 float，表示它产生实数类型的函数值。函数值的类型也常被称为函数类型。

形参表中列出函数的全部参数，中间用逗号分隔。每个参数除了参数名外，还要指定数据类型，例如"(int x,int y)"，之所以称为"形参"，是因为它们还没有真实的值。

形参表中的每个参数都有双重的作用：

（1）对外，表示一个在调用函数时需要"代入"的位置；

（2）对内，相当于声明了一个变量，在函数体中可以直接使用这个变量。

2. 无参函数的一般形式

类型标识符　函数名（）
```
{
    声明部分;
    语句;
}
```

没有参数的函数没有形参表，但一对圆括号不能缺少。

函数体的格式与主函数没有差别，都是写在"{"和"}"之间的一系列声明和执行语句。

**做一做**

将［例 6-1］中 main()函数和 float f(int x, int y)函数位置对调，看看编译能否通过，出现什么错误信息？

**学一学**

在［例 6-1］的程序中，函数 f 是先定义，后调用的。函数定义和调用的先后次序也可以反过来，调用 f 的函数出现在 f 函数定义之前，即先调用，后定义。 此时需先对 f 函数声明（又称为函数原型）。

函数声明的一般形式是

类型标识符　函数名（形参表）；

## 6.2　函数的调用

学习目标

◆ 掌握有参函数的调用
◆ 掌握无参函数的调用

试一试

【例 6-2】　编写程序实现下述功能：从键盘输入两个整数，然后输出其中较大的一个。要求定义并使用求两数中较大者的函数 int max(int x, int y)，输入与输出由主函数完成。

```c
/*
源文件名：ch6_02.c
功能：用自定义函数求两个整数中较大者
*/
#include <stdio.h>
int max(int x, int y);              //声明 max 函数
void main()
{
int a,b,c;
    printf( "请输入两个整数： ");
scanf("%d%d",&a,&b);
c=max(a,b);                         //调用 max 函数
    printf("两数中的大者是:%d\n",c);
}
int max(int x, int y)               //定义 max 函数
{
int z;
if(x>y)
    z=x;
else
    z=y;
return z;                           //返回 z 值
}
```

程序运行结果如图 6-2 所示。

图 6-2　[例 6-2] 的运行结果

讲一讲

（1）[例 6-2] 有两个函数，一个是 main()，另一个是 max()，在 main 函数中调用了 max 函数。因此，main 函数称为主调函数，max 函数称为被调函数。

（2）函数在使用过程中，包括 3 个步骤：

1）函数声明。但若定义位于调用前面，可省掉声明。为统一或标准化起见，一般将自定义的所有函数都在程序前面予以声明。

2）函数定义。

3）函数调用。

 **做一做**

编写程序实现下述功能：从键盘输入两个整数，然后输出两数之和。要求定义并使用求两数之和的函数 int add(int x, int y)，输入与输出由主函数完成。

**学一学**

（1）函数调用的一般形式：

函数名（实参表）

**说 明**

（1）实参表中列出实际"代入"的参数，参数的个数、次序应当与形参表所列的一致，中间用逗号分隔。每个实参都是一个表达式，表达式的类型必须与对应形参的类型兼容。

（2）如果参数个数为 0，实参表是空的，但一对括号仍然应保留。

（3）函数调用作为表达式，可以出现在程序中任何允许出现表达式的场合。

例如

```
c=f(a,b);
printf("%d 的%d 次方是%f\n",a,b,c);
```

或者把两句合并成一句：

```
printf("%d 的%d 次方是%f\n",a,b,f(a,b));
```

又如

```
c=2*f(a,b);
```

再如

```
c=max(f(a,b),f(b,a));
```

这里的 max 是调用另一个函数，f(a,b)和 f(b,a)作为函数 max 的两个实参。

（2）被调用的函数必须已经存在，要么是库函数，要么是用户自定义函数。使用库函数时，需在文件开头用#include 命令将有关头文件包含进来。

（3）如果函数的功能是计算出一个函数值，那么在函数体的执行部分，除了要进行实际计算外，还必须把计算结果交给调用者，返回语句就具有这一功能。

返回语句的一般格式是

    **return**   表达式；

或

    **return**   （表达式）；

这一语句的功能是结束函数的执行，并且将表达式的值作为函数的值带回给调用者。

# 6.3　函数调用中的参数传递

学习目标

◆ 掌握形式参数、实际参数的概念
◆ 掌握函数调用时实参和形参的传递方式
◆ 掌握数组作为函数参数的传递方式

试一试

**【例 6-3】** 函数参数值单向传递示例。

```
/*
  源程序名：CH6 _03.C
  功    能：形参和实参同名
*/
#include "stdio.h"
void s(int n);                     //函数声明
void main()
{
int n;
printf("input number\n");    /* 提示输入一个正整数 */
scanf("%d",&n);
s(n);                        /* 调用函数 s，并将实参 n 的值传递给 s 函数中的形参 n */
printf("main 中 n= %d\n",n); /* 输出 n 的值，此时 n 的值不变 */
}

void s(int n)                /* 定义函数 s */
{
int i;
for(i=n-1;i>=1;i--)          /* 求出 1+2+…+n 的值 */
  n=n+i;
printf("s 中 n=%d\n",n);     /* 此时 n 的值为 1+2+3+…+n */
}
```

程序运行结果如图 6-3 所示。

图 6-3　［例 6-3］的运行结果

讲一讲

（1）在主函数 main( )中调用函数 s，主函数 main 中的 n 是实际参数，简称实参。

（2）在定义函数 s 时，出现在 void s(int n)小括号内的参数 n 是形式参数，简称形参。

（3）主函数 main 中的函数调用语句 s(n) 将 n 的值传递给函数 s 中的 n，函数 s 中的 n 不断变化，当函数返回时，主函数中的变量 n 没有变化。

🦴 试一试

**【例 6-4】** 用函数传递来交换两个变量的值。

```
/*
   源程序名：CH6 _04.C
   功    能：形参不能影响实参示例
*/
#include <stdio.h>
void swap(int x,int y);              //函数声明
void main()
{
  int a=2,b=3;
  swap(a,b);                         //函数调用
  printf("a=%d,b=%d\n",a,b);
}
void swap(int x,int y)
{
  int temp;
  temp=x;x=y;y=temp;                 //交换x,y的值
  printf("x=%d,y=%d\n",x,y);
}
```

程序运行结果如图 6-4 所示。

图 6-4　［例 6-4］的运行结果

🦴 讲一讲

（1）在［例 6-4］中，函数间的数据传递采用单向传值方式。当执行到 main() 函数中的函数调用语句 "swap(a,b);" 时，给 swap 函数的两个形参 x 和 y 分配存储空间，并将实参 a，b 的值 2 和 3 分别传递给 x 和 y。此时数据传递如图 6-5（a）所示。

（2）在执行 swap 函数时，确实交换了 x 和 y 的值，但当函数调用结束返回主函数时，形参 x 和 y 所占的存储空间被释放，形参值的改变并不能影响实参。因此，main 函数中的 a 和 b 的值保持不变。swap 函数调用结束返回 main 函数时实参和形参的情况如图 6-5（b）所示，期中虚框表示形参所占内存空间已被释放。

🦴 试一试

**【例 6-5】** 编写程序实现下述功能：从键盘读入一个字符串，输出其中所有大写字符。要求定义函数 isup(char ch)，检查 ch 是否大写字母，是则返回 1，否则返回 0。主函数完成键

盘输入和屏幕输出。

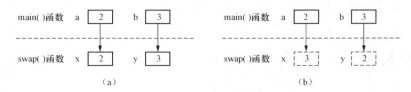

（a）　　　　　　　　　　　　　（b）

图 6-5　［例 6-4］传值过程

（a）形参 x 和 y 中的值；（b）实参 a 和 b 中的值

```
/*
源文件名：ch6_5.c
功能：输出所有大写字母
*/
#include <stdio.h>
int isup(char ch);                  //声明函数 isup
void main()
{
char str[256];
int i;
printf( "请输入一个字符串（不含空格）:");
scanf("%s",str);
printf( "字符串中的大写字母有:");
i=0;
while(str[i]!='\0')
{
    if(isup(str[i]))               //调用函数 isup，返回值 1 时，即为真
        printf("%c",str[i]);
    i++;
}
printf("\n");
}

int isup(char ch)                  //定义函数 isup，返回值为 1 或 0
{
if((ch>='A')&&(ch<='Z'))
        return 1;
else
        return 0;
}
```

程序运行结果如图 6-6 所示。

图 6-6　［例 6-5］的运行结果

🖊️ **讲一讲**

（1）[例 6-5] 中，函数中判断字符是否为大写字母，如果是则返回 1；否则，返回 0。

（2）在主函数中构造循环，以数组中每个元素为实参，调用函数。

（3）用数组元素作实参时，只要数组类型与函数的形参类型一致即可，并不要求函数的形参也是下标变量。换句话说：对数组元素的处理是按普通变量对待的。

⚙️ **做一做**

学院举办 C 语言大赛，有 10 名同学参赛，从键盘上输入每个同学的比赛成绩（百分制），编写函数，输出对应的 1、2、3 等奖（假定：90 分以上为 1 等奖，80～90 分为 2 等奖，60～80 分为 3 等奖）

提示：将每个同学的参赛成绩作为函数的实参。在函数中构造一个形参，对每个形参进行判断，如果大于 90 分，返回值 1；如果在 80～90 分，返回值 2；如果在 60～80 分，返回值 3。在主函数中，调用函数根据返回值分别输出 1、2、3 等奖。

🦗 **试一试**

【例 6-6】 编写程序实现下述功能：从键盘输入 10 个字符，然后输出它们中的最大者。要求定义并使用求数组中最大字符的函数 char max_c(char b[ ])，输入与输出由主函数完成。

```
/*
    源文件名：CH6_6.C
    功能：用自定义函数求数组中最大字符
*/
#include <stdio.h>
char max_c(char b[]);                    //函数声明
void main()
{
char a[10];
int i;
printf("请输入 10 个字符");
for(i=0;i<10;i++)
    a[i]=getchar();
printf("\n 其中最大字符是:%c\n",max_c(a));    //以数组名 a 为实参调用函数
}
char max_c(char b[])
{
int i;
char max;
max=b[0];
for(i=1;i<10;i++)
    if(b[i]>max)
        max=b[i];
return max;                              //返回最大字符
}
```

程序运行结果如图 6-7 所示。

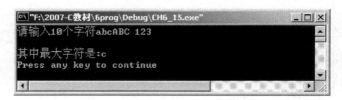

图 6-7  ［例 6-6］的运行结果

**讲一讲**

（1）［例 6-6］中，函数的功能是求 10 个字符中的最大值，需要将最大字符返回到调用函数中，因此函数的类型应为 char 类型，参数是 10 个字符。

（2）函数中的算法如下：

1）设计 1 个字符数组接受 10 个字符，定义一个字符型变量 max 保存最大字符。

2）构造 1 个循环求 10 个字符中最大字符 max。

3）将 max 返回调用函数。

（3）数组名作为函数的参数，必须在调用函数和被调用函数中分别定义数组，且数据类型必须一致。

（4）形参数组可以不指定大小。例如，［例 6-6］中，char max_c(char b[])。

（5）［例 6-6］中函数调用时采用的格式：函数名（数组名）。即

```
printf("\n 其中最大字符是:%c\n",max_c(a));
```

**做一做**

编写程序实现下述功能：从键盘输入 10 个整数，然后统计并输出其中负数之和。要求定义并使用计算数组中负数之和的函数 int sum_n(int b[ ])，输入与输出由主函数完成。

**学一学**

在用数组名作函数参数时，不是进行值的传送，即不是把实参数组的每一个元素的值都赋予形参数组的各个元素。因为实际上形参数组并不存在，编译系统不为形参数组分配内存。数组名就是数组的首地址，在数组名作函数参数时所进行的传送只是地址的传送。实际上形参数组和实参数组为同一数组，共同拥有一段内存空间。换句话说，数组名作为形参与实参其实是同一个数组，只不过在函数内部暂时改用另一个名字罢了。既然是同一个数组，在函数调用时，就不需要从实参向形参赋值，如果在函数执行过程中，改变了形参的值，那么函数返回后，实参的值当然有同样的改变。图 6-8 说明了这种情形。

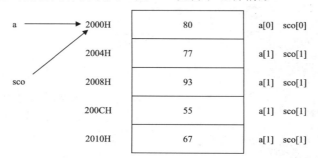

图 6-8  数组名作为参数传递的示意图

图 6-8 中设 a 为实参数组，类型为整型。a 占有以 2000H 为首地址的一块内存区；sco 为形参数组名。当发生函数调用时，进行地址传送，把实参数组 a 的首地址传送给形参数组名 sco，于是 sco 也取得该地址 2000H。即 a、sco 两数组共同占有以 2000H 为首地址的一段连续内存单元。

## 6.4 知 识 扩 展

**学 习 目 标**

◆ 掌握函数的嵌套调用

◆ 了解函数的递归调用

◆ 了解变量的作用域和生存期

**试一试**

【例 6-7】 编写程序实现下述功能：计算 $(1!)^2+(2!)^2+(3!)^2+(4!)^2+(5!)^2$ 的值。

```
/*
源程序名：CH6_07.C
  功    能：函数嵌套调用
*/
#include <stdio.h>
long f1(int p);
long f2(int);                       /*函数声明*/

void main()
{
 int i;
 long s=0;
 for (i=1;i<=5;i++)
   s=s+f1(i);                       //循环调用 f1 函数
 printf("\ns=%ld\n",s);
}

long f1(int p)                      /*计算平方的函数*/
{
 long r;
 r=f2(p);                           /* 计算 p 的阶乘 */
 return r*r;                        /* 返回阶乘的平方 */
}
long f2(int q)                      /* 计算阶乘的函数 */
{
 long c=1;
 int i;
 for(i=1;i<=q;i++)
   c=c*i;
 return c;
}
```

程序运行结果如图 6-9 所示。

图 6-9　[例 6-7] 的运行结果

### 讲一讲

（1）C 语言中不允许作嵌套的函数定义，因此各函数之间是平行的。但是 C 语言允许在一个函数的函数体中出现对另一个函数的调用。这样就出现了函数的嵌套调用。

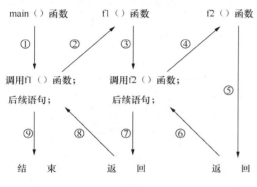

图 6-10　函数嵌套调用

（2）[例 6-7] 中编写了两个函数，一个是用来计算平方值的函数 f1，另一个是用来计算阶乘值的函数 f2。

（3）主函数先调 f1，在 f1 中再调用 f2 计算其阶乘值，然后返回 f1，由 f1 返回平方值，在循环程序中计算累加和，这就算是函数的嵌套调用。其关系可如图 6-10 所示。

### 做一做

编写程序实现下述功能：计算 1！+2！+3！+…+n！的值。n（不大于 15）值从键盘输入，要求编写两个函数，一个函数计算 n!，另外一个函数计算阶乘之和。

### 试一试

【例 6-8】　用递归算法计算 n! 的值。

分析：用递归法计算 n! 可用下述公式表示：

$$n! = \begin{cases} 1 & n = 0,1 \\ n \times (n-1)! & n > 1 \end{cases}$$

即当 $n>1$ 时，$n$ 的阶乘等于 $n$ 乘以 $n$-1 的阶乘，可以使用函数的调用完成此运算；函数收敛的条件是当 $n$ 等于 0 或 1 时，$n$ 的阶乘是 1。

```
/*
  源程序名：CH6_08.C
  功    能：函数递归调用
*/
#include <stdio.h>
long fact(int n);
void main( )
{
  int num;
  long y;
  printf("\n 输入一个整数：");
  scanf("%d",& num);
```

```
    y=fact(num);                        /* 调用 fact 函数计算阶乘 */
    printf("%d!=%ld\n", num,y);
  }
long fact(int n)                        /* 计算阶乘的函数 */
{
 long f;
if(n<0)
  printf("n<0,输入错误");               /* 如果 n<0, 输出错误提示 */
else if(n==0||n==1)
   f=1;                                 /* 如果 n==0 或 n==1, f=1 */
else
   f=fact(n-1)*n;                       /* 否则递归调用 */
return(f);
}
```

程序运行结果如图 6-11 所示。

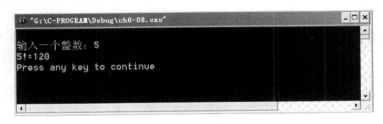

图 6-11　［例 6-8］的运行结果

**讲一讲**

（1）［例 6-8］完成了函数的递归调用。当输入 5 时，main 函数第 1 次调用 fact(int n)，调用后，进入 fact( )函数的函数体中，这时通过参数传递使得 fact( )中的 n=5，计算 fact(5)的值，而 fact(5)相当于 5*fact(4),fact(4)又相当于 4*fact(3)……这样一直调用下去,直到计算 fact(1)的值，此时 n=1，终止条件成立，函数返回上一层，并带回函数值 1，将结果往上层层返回，最终求得 fact(5)=120，将函数结果返回给主函数的变量 y，因此 y 的值为 120。图 6-12 示意了 5 次调用和返回的情况。

（2）递归调用时必须有一个明确的结束条件，然后不断地改变传入的数据，才可以实现递归调用。对于［例 6-8］来说，n=1 即本递归的出口条件。

**学一学**

**1. 函数的嵌套调用**

C 语言不支持函数的嵌套定义，所有的函数定义都是平行的。但就函数调用来说，C 语言支持嵌套的函数调用。调用函数的特点如下。

（1）无论函数在何处被调用，调用结束后，其流程总是返回到调用该函数的地方。

（2）C 语言支持多层函数调用。

**2. 函数的递归调用**

函数的递归调用是指，一个函数在它的函数体内，直接或间接地调用该函数本身，能够递归调用的函数是一种递归函数。递归调用是函数嵌套调用的特例。具体说明如下：

（1）编写递归函数有两个要点：确定递归公式和根据公式确定递归函数的出口。

（2）每个递归函数应确定函数的出口，即结束递归调用的条件。［例 6-8］中 $n=1$ 是递归的出口条件。

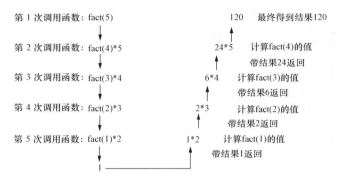

图 6-12　递归函数 fact(n)的执行过程

试一试

【例 6-9】　分析以下程序，理解变量的作用域。

```
/*
源程序名：CH6_09.c
功    能：理解变量的作用域
*/
#include <stdio.h>
int st=0;                    /*定义全局变量 st*/
void main()
{
    int a=1,b=2,re ;         /*此 a,b,re 在整个函数内有效*/
    re=a+b;
    {
        int a=3,b=4;         /*a、b 在该复合语句内有效*/
        st+=re+a*b;          /*第 1 个语句中同名变量 a、b 被屏蔽，第 2 个语句中 a,b 生效*/
        printf("\n a=%d, b=%d, st=%d",a,b,st);    /*输出第 2 个语句中 a，b 的值*/
    }
    st=st+2;
    printf("\n a=%d, b=%d, st=%d\n ",a,b,st);     /*a、b 恢复第 1 个语句中的值*/
}
```

程序运行结果如图 6-13 所示。

```
"F:\2007-C教材\6prog\Debug\ch6_06.exe"

a=3, b=4, st=15
a=1, b=2, st=17
Press any key to continue
```

图 6-13　［例 6-9］的运行结果

讲一讲

（1）在函数的外部定义了变量 st（外部变量），并且赋初值为 0。st 从定义位置开始到程序结束为止一直占用内存单元。其使用范围是定义位置以后的所有函数，但是不包括同名变量定义的函数和复合语句。

（2）在 main()函数开头定义了内部变量 a，b，re，这 3 个变量从定义位置开始到 main()函数结束为止一直占用内存单元，是局部变量，其使用范围是 main()函数。

（3）在复合语句中定义的内部变量 a，b 与 main()函数中的 a，b 是不同的变量，只在复合语句中有效。

**学一学**

变量作用域是指程序中声明的变量在程序的哪些部分是可用的。从变量作用域的角度，变量分为局部变量和全局变量两种。

在 C 语言中，变量定义在程序的不同位置有不同的作用域。

（1）局部变量：在函数或复合语句内部定义的变量。该变量只在本函数或复合语句内部范围内有效。局部变量有助于实现信息隐蔽，即使不同函数中使用了同名变量，也互不影响，因为它们占据不同内存单元，而且形参也是局部变量。

（2）全局变量：在函数体外定义的变量。全局变量的作用域是从它的定义行到整个程序的结束行。全局变量的虽然增加了函数之间传递数据的途径，但在它的作用域内，任何函数都能引用。对全局变量的修改，会影响到其他引用该全局变量的所有函数，降低了程序的可靠性、可读性和通用性，不利于模块化程序设计，故不宜大量采用。

**注 意**

如果局部变量的作用域与同名全局变量的作用域重叠，那么，在重叠的范围内，该全局变量无效。

**试一试**

【例 6-10】 分析以下程序的运行结果，理解静态变量的作用。

```
/*
源程序名：ch6_10
功    能：静态变量的作用
 */
#include <stdio.h>
int f(int);                    //函数声明
void main()
{ int a=2,i;
  for(i=0; i<3; i++)
     printf("%4d\n",f(a));
}
int f(int a)
{ int b=0;
   static int c=3;              //C 为静态局部变量
     b++;                       //b 为自动局部变量，省略 auto
     c++;
   return(a+b+c);
}
```

程序运行结果如图 6-14 所示。

图 6-14　［例 6-10］的运行结果

### 讲一讲

函数 f 的形参 a 的值来自 main 中的局部变量 a，后者的值一直保持为 2；b 是局部变量，函数每次进入时都被初始化为 0；c 是静态局部变量，调用时发生的变化会保持到下一次调用。有关变量值的变化状况如表 6-1 所示。

表 6-1　　　　　　　　　　　　　　　static 变量与 auto 变量比较

| 调用次序 | 进入时 b 的值 | 返回时 b 的值 | 进入时 c 的值 | 返回时 c 的值 |
| --- | --- | --- | --- | --- |
| 1 | 0 | 1 | 3 | 4 |
| 2 | 0 | 1 | 4 | 5 |
| 3 | 0 | 1 | 5 | 6 |

### 做一做

分析以下程序的运行结果，理解静态局部变量的作用。

```c
/*
源程序名：ch6_07.c
功能：静态变量的作用
*/
#include <stdio.h>
void print();                        //函数声明
void  main()
{
  int i;
  for (i=0; i<5; i++ )
print( );
}
 void print( )
 {
    static int st=-1;                //st 为静态变量调用时发生的变化会保持到下一次调用
    st++;
    printf("st = %d ", st);
 }
```

### 想一想

把［例 6-10］中的静态变量 st 改为动态变量，看结果又是什么？

### 学一学

变量的存储类别

从变量的生存期来分，变量分为静态存储方式和动态存储方式。

C 语言把用户的存储空间分成 3 部分：程序区、静态存储区、动态存储区，如图 6-15 所示。C 语言把不同的性质的变量存放在不同的存储区里。

在 C 语言中，每个变量有两个属性：类型和存储类别。

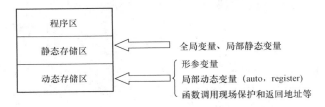

图 6-15　变量存储类别

变量的存储类别是指变量存放的位置。局部变量可以存放于内存的动态区、静态区和 CPU 的寄存器里，在程序里，变量的存储类型说明有以下 4 种：

（1）自动变量（auto）。

（2）静态变量（static）。

（3）寄存器变量（register）。

（4）外部变量 extern。

局部变量分为动态和静态两种，本书中出现过的局部变量都是动态局部变量（auto），动态局部变量当进入它的函数或复合语句时才分配存储空间，一旦离开它所在的函数或复合语句则立即释放所占的存储空间。在复合语句中定义的变量也是动态局部变量（auto），其作用域仅仅是所在的复合语句。

如果在声明局部变量时加上"static"，就声明了静态局部变量。静态局部变量有以下特点：

（1）静态变量在源程序运行期间，从开始到结束的整个过程一直占用固定存储空间。

（2）如果为局部变量指定初值，那么，对于静态局部变量，这个初值只在开始时一次赋给变量，而对于动态局部变量，这个初值在每次执行函数时都要赋给。

（3）函数执行结束时，动态局部变量的值随着空间的释放而失去意义，而全局变量和静态局部变量的值能够一直保持到再次赋值或程序运行结束。

# 6.5　课 后 练 习

## 一、选择题

1. 以下说法中正确的是_____。
   A．C 语言程序总是从第一个的函数开始执行
   B．在 C 语言程序中,要调用的函数必须在 main( )函数中定义
   C．C 语言程序总是从 main( )函数开始执行
   D．C 语言程序中的 main( )函数必须放在程序的开始部分
2. 一个函数返回值的类型是由_____决定的。
   A．return 语句中表达式的类型　　　B．在调用函数时临时指定
   C．定义函数时指定的函数类型　　　D．调用该函数的主调函数的类型

3．C 语言规定，简单变量作实参时，它和对应形参之间的数据传递方式_____。

    A．地址传递　　　　　　　　　　　　　B．单向值传递

    C．由实参传给形参，再由形参传回给实参　　　D．由用户指定

4．当调用函数时，实参是一个数组名，则向函数传送的是_____。

    A．数组的长度　　　　　　　　　　　　B．数组的首地址

    C．数组每一个元素的地址　　　　　　　D．数组每个元素中的值

5．以下正确的函数声明形式是_____。

    A．double fun(int x,int y)　　　　　　B．double fun(int x;int y)

    C．double fun(int x,int y);　　　　　　D．double fun(int x, y);

6．如果在一个函数的复合语句中定义了一个变量，则该变量_____。

    A．只在该复合语句中有效　　　　　　　B．在该函数中有效

    C．在本程序范围内均有效　　　　　　　D．为非法变量

7．凡是函数中未指定存储类别的局部变量，其隐含的存储类别为_____。

    A．自动（auto）　　　　　　　　　　　B．静态（static）

    C．外部（extern）　　　　　　　　　　D．寄存器（register）

8．要求定义一个返回值为 double 类型的名为 sum 的函数，其功能为求两个 double 类型数的和。正确的定义形式为_____。

```
A.  sum(double x,y)
    { return x+y;
      }
B.  sum(double x,double y)
    { return x+y;
      }
C.  double sum(double x,double y)
    { return x+y;
      }
D.  double sum(double x,double y)
    { return x+y;
        }
```

## 二、填空题

1．有以下程序，程序运行后的输出结果是_____。

```
float fun(int x,int y)
{
  return(x+y);
}
void main()
{ int a=2,b=5,c=8;
  printf("%3.0f\n",fun((int)fun(a+c,b),a-c));
}
```

2．有以下程序，执行后输出的结果是_____。

```
void f(int x,int y)
{ int t;
```

```
    if(x<y)
        { t=x; x=y; y=t; }
}
void main()
{ int a=4,b=3,c=5;
  f(a,b); f(a,c); f(b,c);
  printf("%d,%d,%d\n",a,b,c);
}
```

3. 下面程序的输出是_____。

```
fun3(int x)
{
 static int a=3;
 a+=x;
 return(a);
}
void main()
{
 int k=2, m=1, n;
 n=fun3(k);
 n=fun3(m);
 printf("%d\n",n);
}
```

4. 程序运行后的输出结果是_____。

```
void reverse(int a[ ],int n)
{
 int  i,t;
 for(i=0;i<n/2;i++)
  { t=a[i]; a[i]=a[n-1-i];a[n-1-i]=t; }
}
void main()
{
 int  b[10]={1,2,3,4,5,6,7,8,9,10}; int i,s=0;
 reverse(b,8);
 for(i=6;i<10;i++)
  s+=b[i];
printf("%d\n",s);
}
```

5. 以下程序输出结果是_____。

```
#include "stdio.h"
int  abc(int u,int v);
void main()
{
    int a=24,b=16,c;
    c=abc(a,b);
    printf("%d\n",c);
}
int abc(int u,int v)
```

```
{
    int  w;
    while(v)
     {
        w=u%v;  u=v;  v=w;
     }
    return u;
}
```

6．下面程序的输出是_____。

```
void fun(int  x,  int  y,  int  z)
{  z=x*x+y*y;  }
void main()
{
    int  a=31;
    fun(5,2,a);
    printf("%d",a);
}
```

### 三、编写程序

1．编写程序实现下述功能：从键盘输入 4 个实数，然后输出其中最大的一个。要求定义并使用求两数中较大者的函数 float max(float x, float y)，输入与输出由主函数完成。

2．编写程序实现下述功能：从键盘输入一个字符，若是数字，显示"yes"，否则显示"no"。要求定义函数 isdigit(char ch)，其功能是检查 ch 是否数字字符，是则返回 1，否则返回 0。主函数完成键盘输入和屏幕输出。

3．编写程序实现下述功能：先从键盘指定个数，再按此个数输入字符，然后输出它们中的最小者。要求定义并使用求数组前 $n$ 个元素中最小值的函数 char min_cn(char b[ ], int n)，输入/输出由主函数完成。

# 6.6　上 机 实 训

【实训目的】

（1）掌握函数定义、调用与声明的方法。

（2）掌握形参与实参正确结合的机制。

【实训内容】

| 实训步骤及内容 | 题 目 解 答 | 完成情况 |
|---|---|---|
| 准备阶段：<br>（1）复习数组，选择、循环结构程序设计。<br>（2）复习函数的定义、调用、声明，以及参数的两种传递方式 | | |
| 实训内容：<br>1. 在函数中进行 10 个学生成绩从高到低排名<br>void sort( int a[10]) | | |

| 实训步骤及内容 | 题 目 解 答 | 完成情况 |
|---|---|---|
| 2．改进第 1 题的函数为 sort(int a[],int n)，进行 *n* 个学生成绩从高到低排名 | | |
| 3．改进第 2 题的函数为 sort(int a[],int n, char style)，将 *n* 个学生成绩从高到低排名，排名方式根据 sort()函数的 style 参数进行，如 style 为'a'按升序排，style 为'd'按降序排。（a: ascending 升，d:descending 降） | | |
| 实训总结：<br>（1）数组名做函数参数和数组元素做函数参数有何不同？<br>（2）值传递和地址传递有何不同？试举例说明 | | |

# 项目 2　学生成绩统计系统

## 【项目描述】

（1）功能：该项目主要实现学生某门课程成绩的统计。其功能包括：录入和显示学生学号和成绩、显示该门课程平均分和不低于平均分的学生人数并打印其学生名单、显示最高分及学生学号、显示最低分及学生学号、统计各分数段人数。系统功能如项目图 2-1 所示。

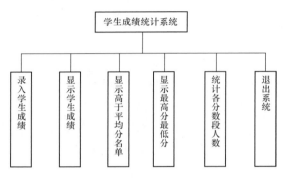

项目图 2-1　系统功能模块结构图

（2）各功能模块说明如下。

1）录入学生成绩模块：实现学生学号、成绩的录入，最多可以录入 30 个学生的成绩，当成绩输入为-1 时结束整个录入过程。

2）显示学生成绩模块：实现全部学生学号和成绩的显示。

3）显示不低于平均分学生信息模块：主要实现统计成绩在全班平均分及平均分之上的学生人数并显示其学生名单。

4）显示最高分、最低分学生信息模块：主要实现找出该门课程最高分、最低分学生学号、成绩名单。

5）统计各分数段人数模块：主要实现该门课程最高分和最低分的统计，并显示统计结果。

需要说明的是，学生成绩统计系统重在以一个小项目为突破口，让学生灵活掌握函数、数组等知识并提升应用能力。所以实现的功能相对比较简单，所处理的学生信息也不太全面。学习了结构体和文件的内容之后，将给出更完善、更实用的学生信息管理系统。

## 【知识要点】

（1）C 语言的函数。

（2）C 语言的数组。

## 【项目实现】

1．系统分析与设计

通过分析以上功能描述，可以确定本系统的数据结构和主要功能模块。

（1）程序功能模块：根据系统要求，系统主模块应包含显示主菜单模块、录入学生成绩模块、显示学生成绩模块、统计高于平均分模块、统计最高分和最低分模块、统计各分数段人数模块，每个模块都定义为一个功能相独立的函数，各函数名如下。

1）显示主菜单模块，函数名 MainMenu()。

2）录入学生成绩模块，函数名 InputScore(long num[],int score[])。

3）显示学生成绩模块，函数名 DisplayScore(long num[],int score[],int n)。

4）统计高于平均分模块，函数名 AboveAvgScore(long num[],int score[],int n)。

5）统计最高分和最低分模块，函数名 MaxMinScore(long num[],int score[],int n)。

6）统计各分数段人数模块，函数名 GradeScore(int score[],int n)。

（2）定义数据结构。要实现学生成绩的统计，首先要考虑的一个问题就是学生学号、成绩的存储。我们设计了一位数组 num[]、set_score[]来存储学生的学号和成绩，并在程序的开始设置了一个符号常量 MAXSTU，用于定义数组的最大长度，即最多学生人数。假设学生不超过 30 人，则 MAXSTU 代表 30。

在学生成绩统计项目中，除主菜单显示函数 MainMenu()外，其他函数均用到数组 set_score[]。本例中将该数组定义为局部变量，利用形参和实参的数据传递，实现对学生成绩数组的访问。在主函数中定义 stu_count，存放学生的实际人数。

2. 各个模块设计

（1）主界面设计。为了程序界面清晰，主界面采用菜单设计，便于用户选择执行，如项目图 2-2 所示。

本模块采用 printf()函数实现主界面设计，并使用 system("cls")清屏，此函数原型在"stdlib.h"头文件中。本模块通过系统主函数 main()调用。

（2）录入学生信息模块。本模块是从键盘输入一个班学生某门课的成绩及其学号，当输入成绩为负值时，输入结束。学生数据（包括学号、成绩）数据的录入过程如项目图 2-3 所示。本模块函数参数有 2 个，长整型数组 num，存放学生学号；整型数组 score，存放学生成绩。函数返回值为学生总数。

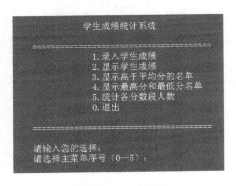

项目图 2-2　主菜单

项目图 2-3　录入界面

（3）显示学生信息模块。显示格式如图项目 2-4 所示。本模块函数参数有 3 个，长整型数组 num，存放学生学号；整型数组 score，存放学生成绩；整型变量 n，存放学生总数。函数无返回值。

（4）显示高于平均分的名单模块。先计算平均分，并显示高于平均分的名单，显示结果如项目图 2-5 所示。本模块函数参数有 3 个，长整型数组 num，存放学生学号；整型数组 score，存放学生成绩；整型变量 n，存放学生总数。函数无返回值。模块中平均值用变量 average 存放，声明为 float 类型。

（5）显示最高分最低分名单模块。显示结果如项目图 2-6 所示。本模块函数参数有 3 个，长整型数组 num，存放学生学号；整型数组 score，存放学生成绩；整型变量 n，存放学生总数。函数无返回值。将最高分成绩存于变量 max 中，学号存于 max_num 中，将最低分成绩存于变量 min 中，学号存于 min_num 中。

项目图 2-4 显示界面  项目图 2-5 显示高于平均分名单

（6）统计各分数段人数模块。显示结果如图项目 2-7 所示。本模块函数参数有 2 个，整型数组 score，存放学生成绩；整型变量 n，存放学生总数。函数无返回值。

项目图 2-6 显示最高分最低分名单  项目图 2-7 统计各分数段人数

（7）主函数。主要是通过循环语句，结合 switch 语句完成主菜单的功能调用。

3. 源程序清单

```
//------编译预处理命令部分----------
#include <stdio.h>
#include <stdlib.h>
#include <string.h>
#include <conio.h>
#define MAXSTU 30                          //最大学生人数为 30
//------函数原型声明部分----------
void MainMenu();                           //主菜单函数声明
int InputScore(long num[],int score[]);    //录入学生学号和成绩函数声明
void DisplayScore(long num[],int score[],int n);   //显示学生成绩函数声明
void AboveAvgScore(long num[],int score[],int n);
                                           //显示高于平均分学生名单函数声明
void MaxMinScore(long num[],int score[],int n);
                                           //显示最高分最低分学生名单函数声明
void GradeScore(int score[],int n);        //统计课程各分数段人数函数声明
//------主函数部分----------
void main()
```

```
{
    int  set_score[MAXSTU];              //定义一维数组，存放学生某门课程的成绩
    long num[MAXSTU];                    //定义一维数组，存放学生学号
    int stu_count=0;                     //存放学生实际人数
    int choose;                          //定义整型变量，存放主菜单选择序号
    while(1)
    {
        MainMenu();                      //调用显示主菜单函数
        printf("\n\t\t 请选择主菜单序号（0--5）: ");
        scanf("%d",&choose);
        switch(choose)
        {
        case 1:stu_count=InputScore(num,set_score);      //调用录入成绩函数
               break;
        case 2:DisplayScore(num,set_score,stu_count);    //调用显示成绩函数
               break;
        case 3:AboveAvgScore(num,set_score,stu_count);
                                         //调用显示高于平均分函数
               break;
        case 4:MaxMinScore(num,set_score,stu_count);
                                         //调用显示最高最低分函数
               break;
        case 5:GradeScore(set_score,stu_count);
                                         //调用统计各分数段人数函数
               break;
        case 0:return;
        default:printf("\n\t\t 输入无效，请重新选择!\n");
        }
        printf("\n\n\t\t\t 按任意键返回主菜单");
        getch();
    }
}
//-----------各函数定义部分-------------
//----显示主菜单-----
void MainMenu()
{
    system("cls");
    printf("\n\t\t          学生成绩统计系统                 \n");
    printf("\n\t\t===================================\n");
    printf("\t\t        1.录入学生成绩               \n");
    printf("\t\t        2.显示学生成绩               \n");
    printf("\t\t        3.显示高于平均分的名单       \n");
    printf("\t\t        4.显示最高分和最低分名单     \n");
    printf("\t\t        5.统计各分数段人数           \n");
    printf("\t\t        0.退出                       \n");
    printf("\n\t\t===================================\n");
    printf("\n\t\t 请输入您的选择: ");
}
//---------输入学生成绩函数--------
int InputScore(long num[],int score[])
{
```

```
    int i=-1;
    system("cls");
    do
    {
        i++;
        printf("\n\t\t 请输入学号 成绩（输入-1 退出）");
        scanf("%ld%d",&num[i],&score[i]);
    }while(num[i]>0 && score[i]>=0);
    return i;
}
//---------显示学生成绩函数------
void DisplayScore(long num[],int score[],int n)
{

    int i;
    system("cls");
    printf("\n\t\t  学生成绩如下:");
    printf("\n\t\t=======================\n");
    printf("\n\t\t  学生学号    成绩");
    printf("\n\t\t-----------------------\n");
    for(i=0;i<n;i++)
    {
        printf("\n\t\t   %ld        %d",num[i],score[i]);
    }
}
//--------显示高于平均分的名单----------
void AboveAvgScore(long num[],int score[],int n)
{

    int i,sum=0;
    int count=0;
    float average;
    system("cls");
    for(i=0;i<n;i++)
    {
        sum=sum+score[i];
    }
    average=(float)sum/n;
    printf("\n\t\t 平均分为:%.2f\n",average);
    printf("\n\t\t----------------------------------\n");
    printf("\n\t\t 高于平均分:\n\t\t 学号    成绩");
    printf("\n\t\t----------------------------------\n");
    for(i=0;i<n;i++)
    {
        if((float)score[i]> average)
        {
            printf("\n\t\t%ld        %d",num[i],score[i]);
            count++;
        }
    }
    printf("\n\t\t 高于平均分的人数:%d\n",count);
```

```
}
//--------显示最高分和最低分名单----------
void MaxMinScore(long num[],int score[],int n)
{

    int i,max,min;
    long max_num,min_num;
    system("cls");
    max=min=score[0];
    max_num=min_num=num[0];
    for(i=1;i<n;i++)
    {
        if(score[i]>max)
        {
            max=score[i];max_num=num[i];
        }
        if(score[i]<min)
        {
            min=score[i];min_num=num[i];
        }
    }
    printf("\n\t\t 最高分学号：%ld,分数：%d",max_num,max);
    printf("\n\t\t 最低分学号：%ld,分数：%d",min_num,min);
}
//--------统计课程各分数段人数函数----------
void GradeScore(int score[],int n)
{
    int i;
    int grade_90=0;
    int grade_80=0;
    int grade_70=0;
    int grade_60=0;
    int grade0_59=0;
    system("cls");
    for(i=0;i<n;i++)
    {
        switch(score[i]/10)
        {
        case 10:
        case 9:grade_90++;break;
        case 8:grade_80++;break;
        case 7:grade_70++;break;
        case 6:grade_60++;break;
        default:grade0_59++;break;
        }
    }
        printf("\n\t\t90 分以上的人数为：%d",grade_90);
        printf("\n\t\t80--90 分的人数为：%d",grade_80);
        printf("\n\t\t70--80 分的人数为：%d",grade_70);
        printf("\n\t\t60--70 分的人数为：%d",grade_60);
        printf("\n\t\t   不及格的人数为：%d",grade0_59);

}
```

**【项目总结】**

（1）在实际开发中，当编写由许多函数组成的程序时，一般情况下先编写主函数，对于尚未编写的被调函数，先使用空函数占位，以后再使用编好的函数代替它。

（2）声明一维形参数组时，方括号内可以不给出数组的长度。

（3）在被调函数中改变形参数组元素值时，实参数组元素值也会随之改变。

# 模 块 3

# 高级能力篇

# 第 7 章　C 语言的指针

指针是 C 语言中的一个重要概念，也是 C 语言中的特色和精华，灵活使用指针可以处理各种复杂数据类型，使程序简洁、紧凑、高效。指针极大地丰富了 C 语言的功能。学习指针是学习 C 语言中最重要的一环，能否正确理解和使用指针是是否掌握 C 语言的一个标志。同时，指针也是 C 语言中最为困难的一部分，在学习中除了要正确理解基本概念，还必须要多编程，上机调试。只要做到这些，指针也是不难掌握的。

## 7.1　指针的概念

> 学习目标
>
> ◆ 理解指针和地址的关系
> ◆ 掌握指针的概念和作用

**试一试**

【例 7-1】　定义 3 个变量，输出 3 个变量的地址。

```
/*
源程序名：ch7-01.c
功能：　输出变量的地址
*/
#include <stdio.h>
void main( )
{
 int a=10;
 float b=20.0;
 int  c=30;
 printf("\n%p %p %p",&a,&b,&c);        /*输出变量 a、b、c 的内存地址*/
}
```

程序执行后，输出结果（注意每次的运行结果可能不同）如图 7-1 所示。

图 7-1　［例 7-1］的运行结果

**讲一讲**

（1）从运行结果可以知道变量 a、b、c 在内存中的存储情况，如图 7-2 所示。

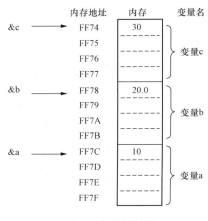

图 7-2  变量的地址

（2）［例 7-1］中语句 int a=10；表示定义了一个整型变量，变量名为 a，变量的初始值为 10。定义后，在编译时系统会为整型变量 a 分配一个内存单元。该内存单元的编号是 0012FF7C，就是该内存单元的地址，就是变量 a 的地址。整数 10 就是该内存单元的内容，也就是变量 a 的值。

（3）前面都是通过变量名来访问变量的内容，也就是变量对应的内存单元的值。是否可以定义一种变量来保存内存单元的地址，从而达到访问内存单元的内容呢？

在 C 语言中，可以定义一种变量专门用来保存内存单元的地址，地址称为指针，保存地址的变量就被称为指针变量。

### 学一学

1. 指针的基本概念

在计算机中，所有数据都是存放在存储器中的。一般把存储器中的 1 字节称为 1 个内存单元。不同的数据类型所占用的内存单元数不等，如整型变量占 4 个单元，字符型变量占 1 个单元等。为了正确地访问这些内存单元，必须为每个内存单元编上号。根据一个内存单元的编号即可准确地找到该内存单元。内存单元的编号也叫做地址，通常把这个地址称为指针。

2. 地址和内容的关系

内存单元的指针和内存单元的内容是两个不同的概念，可以用一个通俗的例子来说明它们之间的关系。我们到银行去存取款时，银行工作人员将根据我们的账号去找我们的存款单，找到之后在存款单上写入存款、取款的金额。在这里，账号就是存单的指针，存款数是存单的内容。

对于一个变量来说，内存单元的地址即为变量指针，内存单元的内容是变量的值。变量的地址可用 "&变量名" 表示。

3. 正确区分变量名、变量地址、变量内容

变量名就是给变量取的名字，变量地址就是系统给变量分配的内存单元的起始地址编号，变量内容就是对应内存单元中存放的数据。

## 7.2  指针与指针变量

### 学习目标

◆ 掌握指针变量的定义和初始化
◆ 掌握指针变量的引用

### 试一试

【例 7-2】  用取地址运算符 "&" 取变量（包括指针变量）地址。

```
/*
源文件名:ch07-2.c
功能:取变量地址
*/
#include <stdio.h>
void  main()
{
int a;                                /* 定义整型变量 a */
int *pa;                              /* 定义指针变量 pa */
 pa=&a;                               /* pa 指向 a*/
 printf("\naddress of a:%p",&a);      /* 输出变量 a 的地址 */
 printf("\npa=%p",pa);                /* 输出变量 pa 的值 */
 printf("\naddress of pa:%p",&pa);    /* 输出指针变量 pa 的地址 */
}
```

程序运行的结果如图 7-3 所示。

图 7-3 〔例 7-2〕的结果

### 讲一讲

（1）int  *pa;表示定义了一个指向整型数据的指针。类型说明符 int 表示指针指向整型变量，*表示变量 pa 是指针变量，它保存的是某个整型变量的地址（指针），pa 是指针变量名。

（2）赋值语句 pa=&a;就是通过取地址运算符"&"把变量 a 的地址赋给指针变量 pa 的，也就是使 pa 指向 a，可以用图 7-4 形象地表示出来。

（3）一个指针变量只能指向同类型的变量。〔例 7-2〕中的 pa 只能指向 int 型变量，不能指向其他类型的变量。

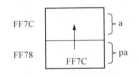

图 7-4 取地址运算符

### 学一学

用来存放指针的变量称为指针变量。指针变量也是一种变量，但该变量中存放的不是普通的数据，而是地址。如果一个指针变量中存放的是某一个变量的地址，那么指针变量就指向那个变量。

1. 指针变量的定义

指针变量定义的一般形式是

基类型  *指针变量名;

指针变量的基类型用来指定该指针变量可以指向的变量的类型。例如

```
int *ptr1,*ptr2;
```

ptr1 和 ptr2 可以用来指向整型变量，但不能指向实型变量，换句话说，只可以存放整型变量的地址。

说 明

指针变量前面的"*"，表示该变量的类型为指针型变量。

 注 意

指针变量名是 ptr1、ptr2，而不是*ptr1、*ptr2。

在定义指针变量时必须指定基类型。这是因为基类型的指定与指针的移动和指针的运算（加、减）相关。

**2. 指针变量的赋值**

定义了指针变量之后，如何使它指向另一个变量呢？下面举例说明：

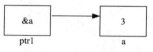

图 7-5　指针变量示意图

```
int  *ptr1,a=3;
ptr1 =&a ;
```

上述赋值语句 ptr1=&a 表示将变量 a 的地址赋给指针变量 ptr1，此时 ptr1 就指向 a。如图 7-5 所示。

 注 意

（1）当定义指针变量时，指针变量的值是随机的，不能确定它具体的指向，必须为其赋值，才有意义。

（2）指针变量的类型必须与其存放的变量类型一致，即只有整型变量的地址才能放到指向整型变量的指针变量中。

**3. 关于指针的运算符**

在 C 中有两个关于指针的运算符：

& 　取地址运算符；

* 　指针运算符。

 说 明

（1）取地址运算符"&"可以加在变量和数组元素的前面，其意义是取出变量或数组元素的地址。因为指针变量也是变量，所以取地址运算符也可以加在指针变量的前面，其含义是取出指针变量的地址。

（2）指针运算符"*"可以加在指针或指针变量的前面，其意义是指针或指针变量所指向的内存单元。

 试一试

【例 7-3】　定义指针变量，使用指针运算符"*"进行指针变量的引用。

```
/*
源程序名:ch07-3.c
功能：指针变量的引用
*/
#include <stdio.h>
```

```
void main()
{
 int a,*pa;                        /*定义整型变量 a 和指针变量 pa*/
 pa=&a;                            /*pa 指向 a*/
 *pa=3;                            /*向 pa 指向的内存中存放数据 3*/
 printf("\na=%d",a);
 a=5;                              /*将 5 赋给 a*/
 printf("\n*pa=%d",*pa);           /*输出 pa 所指向的内存单元的数据*/
}
```

程序运行结果如图 7-6 所示。

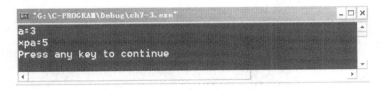

图 7-6 ［例 7-3］的结果

**讲一讲**

从程序运行的结果看指针变量 pa 指向 a 以后，*pa 等价于 a，即对*pa 和 a 的操作效果是相同的，如图 7-7 所示。

图 7-7 指针变量的引用

**学一学**

1. 指针变量的引用

指针变量，提供了一种对变量的间接访问形式。对指针变量的引用格式为

* 指针变量

2. 指针的定义和引用的区别

定义时的形式包含类型说明符，如 int *pa;这里的"*"表示 pa 是一个指针变量，而引用时的形式不包含类型说明符，如*pa=3;中的"*"实际上是运算符，称为指针运算符，它的作用相当于引用指针所指向的变量。

## 7.3 指针与一维数组

**学习目标**

◆ 掌握指向数组的指针及指针和数组名的关系
◆ 掌握指向数组元素的指针及通过指针引用数组元素

**试一试**

【例 7-4】 编写程序输出一维数组中各元素的内存地址及其值。

```
/*
源文件名：ch7-04.c
功能：输出一维数组中各元素的内存地址及其值
*/
#include <stdio.h>
```

```
void main()
{
    int a[ ]={ 1,2,3,4,5,6,7,8,9,0 }, *p, i;
    p=a;
    for( i=0;i<10;i++ )
    printf("\n%0x 单元: %d, %d, %d, %d", p+i, a[i], *(a+i), p[i],*(p+i));
    /* p+i 表示内存地址*/
}
```

程序运行结果如图 7-8 所示。

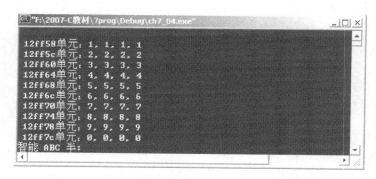

图 7-8　［例 7-4］的运行结果

**讲一讲**

（1）对一维数组的引用，既可以用下标法，也可以使用指针法，即通过数组元素的指针找到所需的元素。这两种方法既可以通过数组名实现，也可以通过指针实现，共有 4 种等价引用形式。

（2）假设我们定义一个一维数组，该数组在内存中具有一段连续的存储空间，其数组名就是数组在内存的首地址。若再定义一个指针变量，并将数组的首地址传给指针变量，则该指针就指向了这个一维数组。例如

```
int a[10]={1,2,3,4,5,6,7,8,9,10};
int *pa=a;
```

首先定义了整型数组 a，系统会给数组 a 分配连续的 20 个字节的空间。数组名代表数组的首地址，然后定义指针变量 pa，将 a 赋给 pa，pa 指向数组元素 a[0]，则一维数组元素的引用如图 7-9 所示。

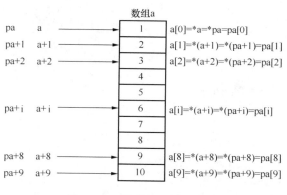

图 7-9　一维数组元素的引用

**说 明**

（1）pa+i 和 a+i 均指向元素 a[i]。

（2）*(pa+i)和*(a+i)是 pa+i 和 a+i 所指向的元素 a[i]，即 a[i]=*(a+i)=*(pa+i)。

（3）指向数组的指针变量，也可以带下标，如 pa[i]=*(pa+i)=a[i]=*(a+i)。

📌 **试一试**

【**例 7-5**】　编程实现通过指针引用、数组名及下标引用等方法引用数组元素。

```c
/*
源文件名：ch7-05.c
功能：输出一维数组中各元素的内存地址及其值
*/
#include <stdio.h>
void main()
{
  int arr[5],i,*p;                        /*定义数组 arr，循环变量 i 和指针 p*/
  p=arr;                                  /*p 指向数组的首地址*/
  printf("键盘上输入 5 个整数：");
  for(i=0;i<5;i++)
    scanf("%d", p+i);                     /*从键盘输入数据赋值给数组的各个元素*/
  for(i=0;i<5;i++)
    printf("arr[%d]=%d\t",i, arr[i]);     /*下标法*/
  printf("\n");
  for( ;p<arr+5; p++)
    printf("*p=%d\t",*p);                 /*指针法*/
  printf("\n");
  for(i=0;i<5;i++)
    printf("*(arr+%d)=%d\t",i, *(arr+i)); /*数组名变量表示法*/
  printf("\n");
  for(p=arr,i=0; i<5; i++)
    printf("*(p+%d)=%d\t", i, *(p+i));    /*指针变量表示法*/
  printf("\n");
  for(i=0; i<5; i++)
    printf("p[%d]=%d\t", i, p[i]);        /*指针下标表示法*/
  printf("\n");
}
```

运行程序，从键盘输入 5 个整数：10　20　30　40　50，运行结果如图 7-10 所示。

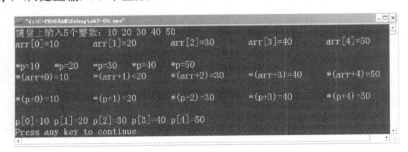

图 7-10　［例 7-5］的运行结果

📌 **讲一讲**

（1）语句 scanf("%d", p+i); 也可以改成 scanf("%d", arr+i); 或 scanf("%d", &arr[i])。

（2）各个输出语句分别采用不同的引用方法，arr[i]是使用下标法，即数组名[i]方法；*p 是使每次循环指针变量做加 1 操作指向下一个数组元素的方法；*(arr+i)是使用*(数组名+i)的方法；*(p+i)是使用*(指针变量+i)的方法；p[i]是使用指针变量[i]的方法。

### 做一做

（1）从键盘输入 5 门课程的成绩，利用函数求平均成绩（用指针作为函数参数）。

（2）编程将 0～9 存储到一个一维数组中并输出，代码如下。

```
void main()
    {
        int *p, i, a[10];
        p=a;
        for(i=0; i<10; i++, p++)
            *p=i;
        for(i=0; i<10; i++, p++)
            printf("a[%d]=%d\n", i, *p);
    }
```

上机调试该程序，并找出程序的错误。

提示：指针 p 是变量，在本程序中它的值是不断改变的，在执行第 2 个 for 循环时，指针已经指向了哪里呢？

### 学一学

使用指针指向数组，应注意以下问题：

（1）若指针 p 指向数组 a，虽然 p+i 与 a+i、*(p+i)与*(a+i)意义相同，但仍应注意 p 与 a 的区别：a 代表数组的首地址，是不变的；p 是一个指针变量，是可变的，它可以指向数组中的任何元素。

（2）使用指针时，应特别注意避免指针访问越界。

（3）设指针 p 指向数组 a（p=a），则

p++（或 p+=1），p 指向下一个元素。

*p++，相当于*(p++)。因为，*和++同优先级，++是右结合运算符。

*(p++)与*(++p)的作用不同，*(p++)的作用是先取*p，再使 p 加 1；*(++p)的作用是先使 p 加 1，再取*p。

(*p)++表示，p 指向的元素值加 1。

（4）如果 p 当前指向数组 a 的第 i 个元素，则

*(p--)相当于 a[i--]，先取*p，再使 p 减 1。

*(++p)相当于 a[++i]，先使 p 加 1，再取*p。

*(--p)相当于 a[--i]，先使 p 减 1，再取*p。

### 试一试

**【例 7-6】** 编写程序实现以下功能：已知一个一维数组 a[10]，求其中的最大数和最小数并输出。

```
/*
源程序名：ch7-06.c
功能：  利用指针求最大值最小值
*/
int max,min;                              /*定义变量 max 和 min 保存最大和最小数*/
```

```
void max_min(int array[],int);
void main()
{
  int i,a[10];
  printf("请输入10个数: ");
  for(i=0;i<10;i++)
    scanf("%d",a+i);                    /*输入十个数*/
  max_min(a,10);                        /*调用函数, 数组名为实参*/
  printf("\n max=%d, min=%d\n",max,min);
}
void max_min(int array[],int n)        /*形参 array 为数组名*/
{
  int *p;
  max=min=*array;                       /*假设第一个数为最大最小*/
  for(p=array+1; p<array+n; p++)        /*循环与其他数比较*/
    if(*p>max)
      max=*p;                           /*改变最大变量的值*/
    if(*p<min)
      min=*p;                           /*改变最大变量的值*/
}
```

程序运行结果如图 7-11 所示。

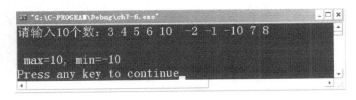

图 7-11 〔例 7-6〕的运行结果

**讲一讲**

（1）定义变量 max 和 min 用来保存最大数和最小数，而且为全局变量，所以在各个函数中均可访问引用。

（2）输入语句 scanf("%d",a+i); 灵活地运用了数组名。

（3）语句 max_min(a,10); a 作为数组名作为函数的参数，将 a 数组的首地址传递给形参 array。

（4）函数 max_min()中的语句 max=min=*array; 中的 array 是形参数组名，它接收实参数组 a 的首地址，*array 相当于引用对应地址单元的内容，也就是数组的第一个元素，该语句等价于 max=min=array[0]。

（5）在执行函数 max_min()中的 for 循环时，p 的初值为 array+1，也就是 p 指向 array[1]（即 a[1]）。以后每次执行 p++，使 p 指向下一个元素。

**做一做**

定义一个有 11 个元素的数组，其中前 10 个元素为 10 个整数，求该数组前 n 个元素的和。
要求：

（1）n 的值由键盘输入，输入值如果大于 10 则提示重新输入。

（2）采用指针变量作为函数参数，在函数中求和，求得的结果保存在数组的最后一个元素中。

（3）在主函数中输出求得的和。

**学一学**

数组名结合指针作为函数的实参和形参，共有 4 种情况。

（1）形参和实参都用数组名。例如

```
 main()                      int f(int x[],int n)
{                           {
int a[10];                   …
…                           }
  f(a,10);
…
}
```

程序中的实参 a 和形参 x 都已定义为数组。如第 6 章所述，传递的是 a 数组的首地址。a 和 x 数组共用一段内存单元。也可以说，在调用函数期间，a 和 x 指的是同一个数组。

（2）实参用数组名，形参用指针变量。例如

```
main()                      int f(int *x,int n)
{                           {
  int a[10];                   …
  …                           }
  f(a,10);
  …
  }
```

实参 a 为数组名，形参 x 为指向整型变量的指针变量，函数开始执行时，x 指向 a[0],即 x=&a[0]。通过 x 值的改变，可以指向 a 数组的任一元素。

（3）实参、形参都用指针变量。例如

```
 main()                     int f(int *x,int n)
{                           {
  int a[10],*p;             {
  p=a;
  …                            …
  f(p,10);                    }
  …
  }
```

（4）实参为指针变量，形参为数组名。例如

```
 main()                     int f(int x[],int n)
{                           {
  int a[10],*p;
  p=a;                         …
  …                           }
  f(p,10);
  …
  }
```

## 7.4 指针与字符串

学习目标

◆ 掌握指针指向字符串的方法

◆ 掌握使用指针处理字符串

试一试

【例 7-7】 使用字符指针变量表示和引用字符串。

方法 1：逐个引用。

```
/*
  源程序名：ch7-07-1.c
  功能：使用字符指针变量表示和引用字符串
*/
#include <stdio.h>
void main()
{
    char *string="I love Beijing.";
    for(; *string!='\0'; string++)
            printf("%c", *string);
    printf("\n");
  }
```

程序运行结果如图 7-12 所示。

图 7-12 ［例 7-7］的运行结果

讲一讲

［例 7-7]中用 char *string="I love Beijing.";语句定义并初始化字符指针变量 string，用串常量"I love Beijing." 的首地址给 string 赋初值。该语句也可分成如下所示的两条语句。

```
  char *string;
  string="I love Beijing.";
```

方法 2：整体引用。

```
/*
源程序名：ch7-07-2.c
功能：使用字符指针变量表示和引用字符串
*/
#include <stdio.h>
void main()
{ char *string="I love beijing.";
```

```
    printf("%s\n",string);
    }
```

**讲一讲**

［例 7-7］中 `printf("%s\n",string);` 语句通过指向字符串的指针变量 string，整体引用它所指向的字符串。

**做一做**

分析下面程序的运行结果。

```
/*
源程序名：ch7-07-3.c
功能：使用字符指针变量表示和引用字符串
*/
#include <stdio.h>
void main()
{
char *ps="We change lives";        //ps 指向首字符'W'
int n=10;
ps=ps+n;                           //ps 指向字符'l'
printf("%s\n",ps);
}
```

**试一试**

【例 7-8】 编写程序实现下述功能：统计字符串里字符'a'的个数。

```
/*
源程序名：ch7-08.c
功能：统计字符串里字符'a'的个数
*/
#include <stdio.h>
void main()
{
char *p="wahaha yiyiyaya";
int count;                         //存放字符 a 个数
count=0;
for (;*p!='\0';p++)                //字符串结束标志'\0'
{
if(*p=='a')
    count++;
}
printf("a 字符的个数为%d\n",count);
}
```

程序运行结果如图 7-13 所示。

图 7-13 ［例 7-8］的运行结果

🖹 讲一讲

从第 1 个字符开始，逐个判断是否为字符'a'，若是，则计数器 count 加 1，直到字符串结束，输出字符'a'的个数。

🌿 学一学

1．字符指针变量的定义

字符指针变量定义的一般形式是

char　*字符指针变量名；

例如，char *cp;

该语句定义了一个字符指针变量 cp，它既可以处理单个字符，也可以处理字符串。

2．字符指针变量的使用

在 C 语言中，既可以用字符数组表示字符串，也可用字符指针变量来表示；引用时，既可以逐个字符引用，也可以整体引用。

3．字符指针变量与字符串的关系

虽然用字符指针变量和字符数组都能实现字符串的存储和处理，但二者是有区别的，不能混为一谈。

（1）存储内容不同。字符指针变量中存储的是字符串的首地址，而字符数组中存储的是字符串本身（数组的每个元素存放一个字符）。例如

```
char str[10]="abc";
char *pstr="abcd";
```

数组 str 和字符指针变量 pstr 的内存映象的差异如图 7-14 所示。

（2）赋值方式不同。对字符指针变量，可采用下面的赋值语句赋值。

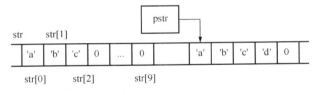

图 7-14　赋初值的 str 和 pstr

```
char *pointer;
pointer="This is a example.";
```

而字符数组，虽然可以在定义时初始化，但不能用赋值语句整体赋值。下面的用法是非法的

```
char  char_array[20];
char_array="This is a example.";   /*非法用法*/
```

（3）当字符指针指向字符串时，与包含字符串的字符数组没什么区别。我们可以利用指向字符串的指针完成字符串的操作。例如

```
char str[10];
char *pstr;
pstr="abc";                              //pstr 指向"abc"
strcpy(str,pstr);                        //将 pstr 所指向的字符串复制到 str 中
pstr=str;                                //pstr 指向数组 str
printf("the length of str is %d\n",strlen(pstr));
                                         //输出 pstr 所指向的字符串的长度
```

（4）由于字符指针变量本身不是字符数组，如果它不指向一个字符数组或其他有效内存，

不能将字符串复制给该指针。

如果一个指针没有指向一个有效内存就引用它，被称为"野指针"操作。野指针操作容易引起程序表现异常，甚至导致系统崩溃。例如

```
char  *pstr;
char  str[10];
char  ch;
scanf("%s",pstr);              //野指针操作，pstr 没有指向任何地方
strcpy(pstr,"welcome");        //野指针操作
pstr=str;                      //pstr 指向了 str
strcpy(pstr,"hello");          //实际上将字符串复制到 str 中
strcat(pstr,"1234567890");     //不是野指针操作，但会造成数组越界操作
pstr=&ch;
strcpy(pstr,"123");            //是数组越界操作，因为 pstr 指向的数组只有 1 个单元
pstr=300;
strcpy(pstr,"1234");          //野指针操作，不能随便将一个地址常量赋值给指针
```

### 试一试

【例 7-9】 分析下面程序的运行结果。

```
/*
  源程序名：ch7-09.c
  功能：使用字符指针数组
*/
#include <stdio.h>
void main()
{
    char *names[] = { "Apple","Pear", "Peach", "Banana" };
    char *temp;
    printf("\n 交换前第 3 种和第 4 种水果为:");
    printf("%s %s",names[2],names[3]);
    temp = names[2];
    names[2] = names[3];
    names[3] = temp;
    printf("\n 交换后第 3 种和第 4 种水果为:");
    printf("%s %s",names[2],names[3]);
    printf("\n");
}
```

程序运行结果如图 7-15 所示。

图 7-15　[例 7-9] 的运行结果

### 讲一讲

[例 7-9] 中采用字符指针数组 names[ ]，存储多个字符串。

1. 字符指针数组的定义

字符指针数组定义的一般形式是

char　*字符指针数组名[];

例如，char *names[]={"Apple","Pear", "Peach", "Banana"};

该语句定义了一个字符指针数组 names，该字符指针数组的存储示意图如图 7-16 所示。

2. 字符指针数组的使用

指针数组的所有元素都必须是指向相同数据类型的指针变量，考虑到字符指针的特性，字符指针数组比较常用。使用字符指针数组的最重要原因会使字符串的操作变得更容易。

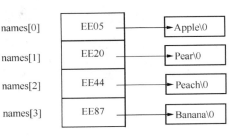

图 7-16　字符指针数组和字符串的关系

**试一试**

【例 7-10】 编写程序实现以下功能：有若干计算机图书，请按字母顺序，从小到大输出书名。要求使用排序函数完成排序，在主函数中进行输入/输出。

```
/*
源程序名：ch7-10.c
功能：使用字符指针排序
*/
#include <stdio.h>
#include <string.h>
void  sort(char *name[], int count)
{ char *temp_p;
  int i,j,min;
  /*使用选择法排序*/
  for(i=0; i<count-1; i++)           /*外循环：控制选择次数*/
   { min=i;                          /*预置本次最小串的位置*/
     for(j=i+1; j<count; j++)        /*内循环：选出本次的最小串*/
        if(strcmp(name[min],name[j])>0)   /*若存在更小的串*/
            min=j;                    /*保存之*/
         if(min!=i)                  /*存在更小的串，交换位置*/
           {
           temp_p=name[i];
           name[i]=name[min];
           name[min]=temp_p;
}
     }
}
/*主函数 main()*/
void main()
{ char *name[5]={"BASIC","FORTRAN","PASCAL","C","FoxBASE"};
  int i=0;
  sort(name,5);                  /*使用字符指针数组名作实参，调用排序函数 sort()*/
  for(; i<5; i++)                /*输出排序结果*/
   printf("%s\n",name[i]);
  }
```

程序运行结果如图 7-17 所示。

图 7-17 ［例 7-10］ 的运行结果

讲一讲

编写 sort()函数，对字符指针数组进行排序，形参分别是 name（字符指针数组）和 count（元素个数）。该函数无返回值。程序中需用到以下内容：

（1）实参对形参的值传递。

```
        sort(  name  ,    5 );
                 ↓         ↓
void sort(char *name[], int count)
```

（2）字符串的比较只能使用 strcmp()函数。形参字符指针数组 name 的每个元素，都是一个指向字符串的指针，所以有 strcmp(name[min],name[j])。

## 7.5 知 识 扩 展

我们现在来考虑这样一个问题：事先不知道学生的数量，编写程序，首先输入学生的数量，然后输入学生的成绩，最后将学生的最高成绩和最低成绩输出。

从问题的性质来看，必须利用数组存放学生的成绩。但程序中要定义数组，必须事先指定数组的大小。如果指定得太小，不满足程序的要求，如果指定得太大，那么当学生的数量很少时，就会造成内存的浪费。

C 程序是否可以在运行时决定数组的大小呢？回答是肯定的。C 语言提供了动态分配内存的手段来解决这个问题。

实际上，C 语言有两种分配内存的方式。一种是定义变量。当程序中定义了一个变量时，系统就自动为这个变量分配一块内存，这块内存的大小由变量的数据类型决定。像下面那样定义一个数组变量

```
int  a[10];
```

系统就自动为这个数组分配大小为 20 字节的内存块。这种内存分配方式称为静态内存分配。也就是说，这些内存在程序运行前就分配好了，不能改变。

另一种内存分配方式是动态内存分配。动态内存分配是指在程序运行过程中，根据程序的实际需要来分配一块大小合适的内存。这块内存可以是一个数组，也可以是其他类型的数据单元。动态分配的内存需要有一个指针变量记录内存的地址。

**1．动态分配内存函数 malloc**

malloc 函数的一般形式为

```
void * malloc(unsigned int size);
```

 **说 明**

（1）malloc 函数只带一个参数，这个参数的含义是要分配内存的大小（以字节为单位）。

（2）返回值是一个指向空类型（void）的指针，说明返回的指针所指向的内存块可以是任何类型。

（3）如果 malloc 分配内存失败，则返回值是 NULL（空指针）。

例如，如果要分配 10 个 int 型的数组，可以这样调用 malloc 函数。

```
int  *p;
int  k;
p=(int *)malloc(10*sizeof(int));
if(p!=NULL)
  for(k=0;k<10;k++)
    p[k]=k+1;
```

 **注 意**

malloc 函数可能返回 NULL，因此一定要检查分配的内存指针是否为空，如果是空指针，则不能引用这个指针，否则将造成系统崩溃。

**2．释放内存的函数是 free**

动态分配的内存是可以释放的。程序在需要时可以调用 malloc 函数向系统申请内存，在不再需要这块内存时就应该将内存返还给系统。如果程序只申请内存，用完了却不返还，很容易将内存耗尽，使程序最终无法运行。

free 函数的一般形式为

```
void free(void * block);
```

 **说 明**

free 函数只带一个参数，这个参数就是要释放的内存指针。

 **注 意**

调用 malloc 和 free 函数的源程序中要包含 malloc.h 文件。

**3．动态内存的使用**

内存动态分配的使用一般分成 3 个步骤：

（1）使用 malloc()函数申请动态内存区域。

（2）通过指针访问申请到的动态内存区域。

（3）动态内存区域使用完毕，使用 free 函数释放这个区域。

现在通过一组实例来说明动态内存的使用方法。

试一试

【例 7-11】 编写程序实现下述功能：从键盘输入 n 个整数到动态内存区域，求出其中偶数之和。

```
/*
源文件名：ch7-11.c
功能：使用动态内存区域，求 n 个整数中的偶数之和
*/
#include <stdio.h>
#include <malloc.h>
void main()
{
int n,i,s = 0;
int *p;
    printf("请输入 n: ");
    scanf("%d",&n);
p = (int *)malloc(n*sizeof(int));        //申请能存放 n 个整型变量的动态内存
if (p==NULL)
{
    printf( "申请动态内存失败，程序退出");
    return;
}
for (i=0; i<n;i++, p++)                    // 输入 n 个整数，存放于动态内存中
{
    printf( "请输入第%d 个整数:",i+1);
    scanf("%d",p);
    if (*p%2==0)
        s+=*p;                            //相当于 s=s+*p
}
p=p-i;
printf("输入的%d 个整数是:\n",n);
for(i=0; i<n; i++)                        // 显示输入的整数
    printf("%d  ",*p+i);
printf("\n 其中偶数之和是:%d\n",s);
if(p!=NULL)
    free(p);                              //释放指针变量 p 指向的动态内存区域
}
```

程序运行结果如图 7-18 所示。

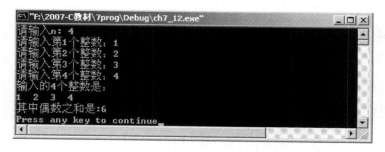

图 7-18 ［例 7-11］的运行结果

🦾 **讲一讲**

n 用来存放整数个数，指针 p 指向动态内存。先使用 scanf 函数获得整数个数，然后调用 malloc()函数分配一块内存。

🦾 **试一试**

【例 7-12】 编写程序实现下述功能：从键盘输入一串字符，从中抽取出数字字符并显示，使用动态内存区域保存抽取的数字字符。

```c
/*
源文件名：ch7-12.c
功能：抽取字符串中的数字字符，存入动态内存区域
*/
#include <stdio.h>
#include <malloc.h>
void main()
{
char c[80];
char *p;
int i,j;
p=(char *)malloc(80*sizeof(char *));        //申请动态内存区域
if (p==NULL)
{
    printf( "申请动态内存区域失败，程序退出");
    return;
}
printf( "请输入字符串（长度小于80）:" );
gets(c);                                     //输入的字符串存放在数组 c 中
for (i=0,j=0; c[i]!=\0'; i ++)
   if ((c[i]>='0')&&(c[i]<='9'))
   {
       *(p+j)=c[i];                          //抽取数字字符
       j++;
   }
*(p+j)='\0';                                 //为抽取到的字符串加上结束符
printf("抽取的数字字符为%s:\n", p);
if(p!=NULL)
    free(p);                                 //释放动态内存
}
```

程序运行结果如图 7-19 所示。

图 7-19 ［例 7-12］的运行结果

## 7.6 课 后 练 习

### 一、选择题

1. _____提供了一种直接操作内存地址的变量。

　　A. 结构　　　　　B. 指针　　　　　C. 数组　　　　　D. 变量

2. 下面声明一个指向整型变量 x 的指针 p 的语句，正确的是_____。

　　A. `int *p,x;`　　　　　　　　　B. `int *p,x;`
　　　　`p=x;`　　　　　　　　　　　　`p=*x;`

　　C. `int *p,x;`　　　　　　　　　D. `int *p,x;`
　　　　`p=&x;`　　　　　　　　　　　　`*p=&x;`

3. 若定义 `int a=511, *b=&a;`，则 `printf("%d\n",*b);` 的输出结果为_____。

　　A. 无确定值　　　B. a 的地址　　　C. 512　　　D. 511

4. 若有以下程序段：

```
char  arr[]="abcde",*p=arr;
for(;p<arr+5;p++)
printf("%s\n",p);
```

则输出结果是_____。

　　A. abcd　　　　B. a　　　　C. abcde　　　D. abcde
　　　　b　　　　　　d　　　　　　bcde
　　　　c　　　　　　c　　　　　　cde
　　　　d　　　　　　b　　　　　　de
　　　　e　　　　　　a　　　　　　e

5. 若已定义"int a[9],*p=a;"并在以后的语句中未改变 p 的值，不能表示 a[1]地址的表达式是_____。

　　A. p+1　　　　B. a+1　　　　C. a++　　　　D. ++p

6. 若有以下程序段：

```
#include <stdio.h>
void main()
{  char *p1,*p2,str[50]="ABCDEFG";
   p1="abcd";
   p2="efgh";
   strcpy(str+1,p2+1);
   strcpy(str+3,p1+3);
   printf("%s",str);
}
```

则输出结果是_____。

　　A. AfghdEFG　　　B. Abfhd　　　C. Afghd　　　D. Afgd

7. 下面程序的输出结果是_____。

```
void main()
{ int a[ ]={1,2,3,4,5,6,7,8,9,0,},*p;
```

```
p=a;
printf("%d\n",*p+9);
}
```

  A．0     B．1     C．10     D．9

8．若有有以下程序段：

```
void main()
{ char *s[]={"one","two","three"},*p;
 p=s[1];
 printf("%c,%s\n",*(p+1),s[0]);
 }
```

则输出结果是_____。

  A．n,two    B．t,one    C．w,one    D．o,two

9．若有有以下程序段：

```
void main()
{
int x[8]={8,7,6,5,0,0},*s;
s=x+3;
printf("%d\n",s[2]);
}
```

则输出结果是_____。

  A．随机值    B．0     C．5     D．6

**二、编写程序**

  1．编写程序实现下述功能：声明两个实型变量，从键盘输入它们的值，然后显示它们的值和存放地址。

  2．编写程序实现下述功能：声明有 10 个元素的实型数组，通过键盘，用指针输入各元素的值，再通过指针计算各元素的平均值。

  3．编写程序实现下述功能：声明有 11 个元素的整型数组，通过键盘，用指针输入各元素的值，再通过指针把 11 个元素的值颠倒排列，最后通过指针显示排列后的值。

  4．编写程序实现下述功能：从键盘输入两个字符串，再通过指针把第二个字符串拼接到第一个字符串的尾部，最后通过指针显示拼接后的字符串。

  5．编写程序实现下述功能：把 s 字符串中的所有字符左移一个位置，串中的第一个字符移到最后。请编写函数 Chg(char *s)实现程序要求。

  例如，s 字符串中原有内容为 MN.123XYZ，则调用函数后，结果为 N.123XYZM。

# 7.7　上　机　实　训

**【实训目的】**

（1）掌握指针处理变量的方法。

（2）掌握用指针处理数组。

（3）掌握用指针处理字符串。

### 【实训内容】

| 实训步骤及内容 | 题　目　解　答 | 完成情况 |
|---|---|---|
| 实训内容：<br>　1. 定义一个数组 stu[10]存放 10 个学生的成绩，从键盘输入数据，要求用指针实现 | | |
| 　2. 将数组 stu[10]的内容输出到屏幕上，要求用指针实现 | | |
| 　3. 将成绩数组按照从高到低进行排序，要求用指针实现 | | |
| 　4. 将第 3 题内容放在函数中实现，在主函数中调用实现排序，用指针实现，输出排序后的成绩单 | | |
| 　5. 采用指针方法，输入字符串"student score"，复制该字符串并输出（复制字符串采用库函数或用户自定义函数） | | |
| 实训总结：<br>（1）指针作函数参数时，形参和实参的数据传递关系有什么特点？<br>（2）字符指针数组和字符串数组之间有什么样的关系 | | |

# 第8章　C 语言的结构体

C 语言的数据类型有基本数据类型和构造数据类型，在第 5 章学了数组，把有限个相同类型数据作为一个变量进行整体操作，这是数组的方便之处；但是，用数组并不能够解决所有问题。例如，一种商品，有商品代码、商品名称、产地、生产日期、单价等，在以前所学的数据类型没有一种能够表示商品的所有这些属性。为了解决类似这样的问题，C 语言允许用户自己定义一种数据类型，叫结构体。

## 8.1　结 构 体 变 量

学习目标

◆ 理解结构体类型的定义
◆ 掌握结构体类型变量的定义、初始化和应用

试一试

【例 8-1】　在程序中处理如下几项学生信息，要求定义存放该信息的结构体。学生信息如表 8-1 所示。

表 8-1　　　　　　　　　　　　学 生 信 息

| 学号 | 姓名 | 性别 | 成绩 |
| --- | --- | --- | --- |
| 10001 | 张州 | 男 | 90.5 |

用名为 STUDENT 的结构体类型来表示这样一组相互关联而类型不同的数据，定义如下

```
struct STUDENT
{
    char id[6];
    char name[20];
    char sex;
    float score;
};
```

讲一讲

（1）[例 8-1] 中"学号"虽然在形式上是 5 位数字，但实际上只是一个规范化的标记，不需要参与数学计算，所以通常用字符串来存储：char id[6];

（2）要存储学生姓名，应声明变量类型为字符串，假定每个学生的姓名字符串长度小于 20 个字符，则声明为 char name[20];

（3）性别，用字符型数据表示：char sex;

（4）而要存储学生的成绩，则用实型变量表示：float score;

### 学一学

**1. 结构体简介**

假如要开发一个学生成绩管理系统，那么需要处理学生的学号、姓名、性别、成绩等信息。利用以前学过的知识，只能定义若干个数组，分别存储学号、姓名、成绩等数据项。这样做的结果是看不到每个人的信息是一个逻辑整体。此时，可以考虑使用"结构体"来解决。

"结构体"是一种构造数据类型，它是由若干数据项组合而成的复杂数据对象，这些数据项称为结构体的成员。每一个成员可以是一个基本数据类型或者又是一个构造类型，各个成员的数据类型可以不同。一个结构体中的每个成员都给定一个名字，通过成员名实现对结构体成员的访问。

学生结构体及它的各个数据成员如图 8-1 所示。由图 8-1 可以看出，通过结构体可以将学号、姓名、成绩这些信息作为一个逻辑整体来处理。

图 8-1 结构体示意图

**2. 定义结构体**

要定义一个结构体，就需要描述它的各个成员的情况，包括每个成员的类型及名称。定义结构体类型的一般形式为

struct 结构体类型名

{

  类型标识符 成员名 1；

  类型标识符 成员名 2；

  …

};

 **说 明**

（1）struct 是结构体类型的关键字。

（2）结构体类型名的命名规则须符合标识符命名规则。

（3）成员的类型可以使用 int、float、char、数组等，还可以是其他结构体。

### 做一做

为如下的教师信息定义结构体类型 TEACHER。包括工号（code）、 姓名 （name）、 职务（position）、工资 （salary）。

### 试一试

**【例 8-2】** 使用 ［例 8-1］ 中结构体 STUDENT 定义机构体变量 stu1，存放表 8-1 中"张州"同学的信息。

```
#include <stdio.h>
void main()
{
  struct STUDENT
  {
      char id[6];
      char name[20];
```

```
        char sex;
        float score;
};
    struct STUDENT stu1={"10001","张州",'f',90.5};
    printf("学号：%s 姓名：%s 性别:%c 成绩%.2f\n", stu1.id, stu1.name, stu1.sex,
stu1.score);
}
```

程序运行结果如图 8-2 所示。

图 8-2  [例 8-2] 运行结果

做一做

对结构体类型 TEACHER 定义结构体变量 teacher1 和 teacher2 并进行初始化。

学一学

1. 声明结构体类型变量

结构体定义仅描述了一个结构体的形式，在程序里只写出这种定义并没有实际价值。如果在程序里使用结构体，就需要声明结构体变量。声明结构体变量有以下两种方法。

方法 1：定义结构体类型与声明结构体变量同时进行，形式为

**struct**  结构体类型名
　　{
　　类型标识符  成员名 1；
　　类型标识符  成员名 2；
　　　　　…
　　}变量名；

例如

```
struct STUDENT
{
    char id[6];
    char name[20];
    char sex;
    float score;
}stu1,stu2;
```

方法 2：在已经定义过结构体类型的基础上，声明结构体变量。形式为

**struct**  结构体类型名 变量名；

例如

```
struct STUDENT                      //定义一个结构体
{
```

```
        char id[6];
        char name[20];
        char sex;
        float score;
    };
struct STUDENT stu1,stu2;          //声明结构体变量 stu1,stu2
```

2．结构体变量初始化

与简单类型变量和数组一样，结构体变量也可以在定义时直接初始化。常见的初始化的方法有如下几种。

（1）在声明结构体变量时进行初始化。

例如，`struct STUDENT stu1={"10001","张州",'F',90.5};`

 **说明**

（1）初始化描述中的各个值将顺序地提供给结构体变量的各个基本成员。

（2）初始化描述中数据项的个数不得多于结构体成员的个数。

（2）用赋值语句对结构体变量成员赋值。

例如，`stu1.name="zhang li";`

（3）用输入语句对结构体变量成员赋值。

例如，`scanf("%f",&stu1.score);`

 **说明**

stu1.name 和 stu1.score 为结构体变量成员

（4）结构体变量整体赋值。

例如，`stu2=stu1;`

 **说明**

（1）赋值时只能用同样类型的"结构体值"。

（2）赋值后变量 stu2 各成员的值将与 stu1 对应成员的值完全一样。

## 8.2　结构体数组

**学习目标**

◆ 理解结构体类型数组的定义

◆ 掌握结构体类型数组处理多个"记录"类数据

 试一试

【例 8-3】 编写程序实现下述功能：有如表 8-2 所示的 4 种商品的信息，找出库存量最大的商品，并输出其全部信息。

表 8-2　　　　　　　　　　　　　商　品　信　息

| 商品号 | 商品名 | 库存量 | 单价 |
|---|---|---|---|
| 10001 | 电视机 | 100 | 2000.00 |
| 10002 | 电冰箱 | 20 | 1500.00 |
| 10003 | 电吹风 | 30 | 35.00 |
| 10004 | 洗衣机 | 25 | 1000 |

```
/*
源程序名:ch8_03.c
功能:找库存量最大的商品
*/
#include <stdio.h>
struct GOODS
{
  char *id;
  char *name;
  int stock;
  float price;
};
struct GOODS goods[4]=
{
{"10001","电视机",100,2000.00},
{"10002","电冰箱",20,1500.00},
{"10003","电吹风",30,35.00},
{"10004","洗衣机",25,1000}
};
  struct GOODS max;
void main()
{
  int i;
  max=goods[0];
  for(i=1;i<4;i++)
    if(goods[i].stock>max.stock)
      max=goods[i];
printf("最大库存量商品信息为: \n");
  printf("%s,%s,%d,%f\n",max.id,max.name,max.stock,max.price);
}
```

程序运行结果如图 8-3 所示。

*讲一讲*

（1）[例 8-3]中需定义结构体数组 goods[4]
用来存放 4 种商品，结构体变量 max 用来存放
库存量最大的商品信息。

（2）结构体数组的引用要考虑其数组和结

图 8-3　[例 8-3] 的运行结果

构体两个方面的特征。[例 8-3] 中 goods[i].stock 表示第 i 个商品的库存（i 为数组下标，从 0
开始， stock 为成员）。

（3）结构体数组的每一个元素都是结构体类型数据；每个结构体变量均含结构体类型的所有成员。

**想一想**

若将 if(goods[i].stock>max.stock)改为 if(goods[i]>max)，能否完成此题？

**做一做**

编写程序实现下述功能：［例 8-3］中，按库存量从高到低将商品信息进行排序并输出，每行输出一个商品的信息。

**学一学**

结构体是一种数据类型，它和 int、float 及 char 这些基本类型一样，也可以组合成为数组，这样的数组称为结构体数组。在实际应用中，经常用结构体数组来表示具有相同数据结构体的一个群体。如一个班的学生成绩表、一个公司的职工档案等。

1. 声明结构体数组

例如，要存放如表 8-3 所示的 100 个学生的数据时，声明一个可以具有 100 个元素的数组，每个元素的类型是前面定义过的 STUDENT 结构体类型。

表 8-3　　　　　　　　　　　　　100 个学生的数据表

| 学号 | 姓名 | 性别 | 成绩 |
|---|---|---|---|
| 10001 | 张英 | F | 68.0 |
| 10002 | 李华 | M | 87.5 |
| 10003 | 刘欣 | F | 55.0 |
| 10004 | 左浩 | M | 95.0 |
| … | … | … | … |
| 10100 | 戴维 | F | 88.5 |

如果让这个数组名为 students，则可以用以下两种方法声明结构体数组。

方法 1：定义结构体时同时声明体数组。

```
struct STUDENT
{
  char id[6];
  char name[20];
  char sex;
  float score;
}students[100];                          //声明 students[100]为结构体数组
```

方法 2：先定义结构体，后声明数组。

```
struct STUDENT
{
  char id[6];
  char name[20];
  char sex;
  float score;
```

```
};
Struct STUDENT students[100];          //声明 students[100]为结构体数组
```

**2. 结构体数组的初始化**

结构体类型数组的初始化，实际上是对数组每一个元素进行初始化，也就是对数组元素的每一个成员初始化。

```
struct STUDENT
{
char id[6];
char name[20];
char sex;
float score;
}students[3]={
                {"10001","张英",'F',68.0},
                {"10002","李华",'M',87.5},
                {"10003","刘欣",'F',55.0}};
```

**试一试**

**【例 8-4】** 编写程序实现如下功能：设某组有 4 个人，填写如表 8-4 所示的登记表，除姓名、学号外，还有 3 科成绩，编程实现对表格的计算，求解出每个人的 3 科平均成绩，并输出成绩。要求采用函数方式编写程序，编写以下 3 个函数：

（1）输入函数。函数定义为 void input(struct stu arr[],int n)

（2）输出函数。函数定义为 void output(struct stu arr[],int n)

（3）求平均值函数。函数定义为 void aver(struct stu arr[],int n)

**表 8-4**　　　　　　　　　　　　　　　**登 记 表**

| Number | Name | English | Math | Physics | Average |
|--------|------|---------|------|---------|---------|
| 1 | 李平 | 78 | 98 | 76 | |
| 2 | 王林 | 66 | 90 | 86 | |
| 3 | 江宝 | 89 | 70 | 76 | |
| 4 | 杨明 | 90 | 100 | 67 | |

```
/*
   源程序名：ch8_04.c
   功能：使用结构体函数
*/
#include <stdlib.h>
#include <stdio.h>
struct stu
{
    char name[20];
    long number;
    float score[4];                    //定义时考虑平均值数据项
};                                     //定义结构体 struct stu 类型
void main()
{
    void input();                      /*函数声明*/
    void aver();
```

```
        void output();
        struct stu stud[4];                         /* 定义结构体数组 */
        input(stud, 4);                             /* 调用函数输入数据 */
        aver(stud,4);                               /* 调用函数计算每一个学生的平均成绩 */
        output(stud, 4);                            /* 调用函数输出结果 */
    }
    void input(struct stu arr[],int n)  //输入函数
    {
        int i;
        float temp;
        printf("输入 4 个人的信息：\n");
        for(i=0;i<n;i++)
        {
            printf("第%d 个人\n",i+1);
            printf("Input Number:");                 /* 输入学号 */
            scanf("%ld",&arr[i].number);
            printf("Input Name:");                   /* 输入姓名 */
            scanf("%s",arr[i].name);
            printf("Input score of English:");       /* 输入英语成绩 */
            scanf("%f",&temp);
            arr[i].score[0]=temp;
            printf("Input score of Mathe:");         /* 输入数学成绩 */
            scanf("%f",&temp);
            arr[i].score[1]=temp;
            printf("Input score of Physic:");        /*输入物理成绩*/
            scanf("%f",&temp);
            arr[i].score[2]=temp;
        }
    }
    void aver( struct stu arr[],int n)                  /* 求每一个人平均成绩的函数 */
    {
        int i,j;
        for(i=0;i<n;i++)
        {
            arr[i].score[3]=0;
            for(j=0;j<3;j++)
                arr[i].score[3]=arr[i].score[3]+arr[i].score[j];
            arr[i].score[3]=arr[i].score[3]/3;
        }
    }
    void output( struct stu arr[],int n)                 /*输出函数*/
    {
        int i,j;
        printf("********************TABLE********************\n");
        printf("--------------------------------------------\n");
        printf("|%10s|%8s|%7s|%7s|%7s|%7s|\n","Name","Number",
        "English","mathema","physics","average");
        printf("--------------------------------------------\n");
            for (i=0;i<n;i++)
            {
                printf("|%10s|%8ld|",arr[i].name,arr[i].number);
                for(j=0;j<4;j++)
                printf("%7.2f|",arr[i].score[j]);
                printf("\n");
```

```
        printf("-------------------------------------\n");
    }
}
```

程序运行结果如图 8-4 所示。

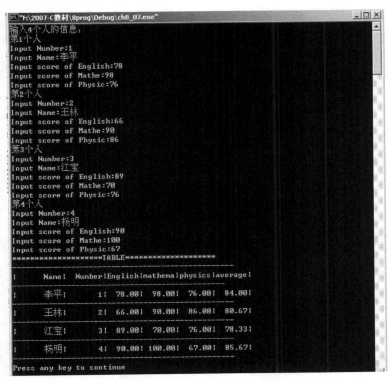

图 8-4 ［例 8-4］的运行结果

**讲一讲**

［例 8-4］中采用结构体数组 `struct stu arr[]` 作为函数参数，与数组作为函数参数的处理方式完全相同，即采用"地址传递"方式。形参结构体数组元素中各成员值的改变，对应实参结构体数组的元素也发生变化。

**做一做**

将［例 8-4］中的输出函数 `void output( struct stu arr[],int n)` 进行修改，求出最高分的学生并显示其数据。

## 8.3 结 构 体 指 针

**学习目标**

◆ 理解结构体指针变量的定义
◆ 掌握结构体指针变量的应用
◆ 理解结构体作为函数参数的使用方法

试一试

【例 8-5】 使用结构体指针变量访问结构体成员。

```c
/*
  源程序名：ch8_05.c
  功能：使用结构体指针变量
*/
#include <stdio.h>
struct student
{
int num;
char *name;
char sex;
float score;
};
void main()
{
struct student stu={1,"张宾",'F',55};
struct student *pstu;
pstu=&stu;              //结构体指针 pstu 指向结构体变量 stu
printf("学号：%d 姓名：%s\n",stu.num,stu.name);
printf("性别:%c 成绩：%5.2f\n\n",stu.sex,stu.score);
printf("学号:%d 姓名：%s\n",(*pstu).num,(*pstu).name);
printf("性别:%c 成绩：%5.2f\n\n",(*pstu).sex,(*pstu).score);
printf("学号:%d 姓名：%s\n",pstu->num,pstu->name);
printf("性别:%c 成绩：%5.2f\n\n",pstu->sex,pstu->score);
}
```

程序运行结果如图 8-5 所示。

图 8-5 ［例 8-5］的运行结果

讲一讲

（1）程序开始时，在 main 函数外定义了一个结构体类型 struct student，然后在 main 函数中定义了 struct student 类型结构体变量 stu 并对其初始化，接着定义了一个指向 struct student 类型结构体的指针变量 pstu。

（2）在 main 函数中，指针变量 pstu 被赋予 stu 的地址，因此指针变量 pstu 指向 stu。最后调用 printf 语句用 3 种形式引用 stu 的各个成员值。从运行结果可以看出，以下 3 种形式引用结构体成员是完全等效的。

形式 1：结构体变量名. 成员名

形式 2：(*结构体指针变量名).成员名

形式 3：结构体指针变量名->成员名

**试一试**

【例 8-6】 使用指针变量输出结构体数组。

```c
/*
   源程序名：ch8_06.c
   功能：使用指针变量输出结构体数组
*/
#include <stdio.h>
struct student
{
    int num;
    char *name;
    char sex;
    float score;
};
void main()
{
    struct student stu[5]={
          {2010,"jack",'M',523.45},
          {2012,"tom",'M',634.567},
          {2013,"rose",'F',492.7891},
          {2014,"kate",'F',787},
          {2015,"jim",'M',580.9},
        };
    struct student *ps;
    printf("No.\tName\tSex\tScore\t\n");
    for(ps=stu;ps<stu+5;ps++)
    printf("%d\t%s\t\%c\t%f\t\n",ps->num,ps->name,ps->sex,ps->score);
}
```

程序运行结果如图 8-6 所示。

图 8-6 ［例 8-6］的运行结果

**讲一讲**

（1）［例 8-6］中在 main 函数外定义了一个结构体类型 struct student，然后在 main 函数中定义 struct student 类型的结构体数组 stu 并对其初始化，接着定义了一个指向 struct student

类型结构体的结构体指针变量 ps。

（2）在循环语句 for 的表达式 1 中，ps 被赋予 stu 的首地址，当 for 的表达式 2 成立时，使用"结构体指针变量名->成员名"的方式引用结构体变量 stu[0]的各个成员，调用 printf 函数输出 stu[0]中各个成员的值，接着结构体指针 ps 加 1，指向 stu 数组的下一个元素 stu[1]。依次类推，共循环 5 次，输出 stu 数组中各个成员的值。

（3）一个结构体指针变量虽然可以用来访问结构体变量或结构体数组元素的成员，但是不能使它指向一个成员。也就是不允许取一个成员的地址来赋予它。因此，下面的赋值是错误的：ps=&stu[1].sex;

### 学一学

一个指针变量当用来指向一个结构体变量时，称为结构体指针变量。结构体指针变量中的值是所指向的结构体变量的首地址。通过结构体指针可以访问该结构体变量。

（1）结构体指针变量声明的一般形式

struct 结构体名　*结构体指针变量名；

例如，在前面定义的 STUDENT 结构体，如要说明一个指向该结构体的指针变量 pstu，可写为 struct STUDENT *pstu;

（2）用结构体指针访问结构体成员的形式有两种。

方法 1：(*结构体指针变量名).成员名

方法 2：结构体指针变量->成员名

例如，(*pstu).num　或 pstu->num

（3）指向结构体数组的指针。类似于用指向结构体变量的指针间接访问结构体成员一样，也可以用指向结构体数组及其元素的指针来处理结构体数组。

## 8.4　知 识 扩 展

### 学习目标

◆ 掌握共用体类型的定义

◆ 掌握共用体类型的引用

### 试一试

【例 8-7】　定义共用体类型 people，并且使用该类型声明变量 a，计算 a 所占内存长度。

```c
/*
  源程序名：ch8_07.c
  功能：使用指针变量输出结构体数组
*/
#include <stdio.h>
union people
{
    char name[10];
    long sno;
    char sex;
    float score[4];
```

```
};
void main()
{
    union people a;
    printf("The length of a is:%d\n",sizeof(a));
}
```

程序运行结果如图 8-7 所示。

图 8-7　[例 8-7] 的运行结果

**讲一讲**

（1）共用体所需的存储空间的大小则取决于共用体内占用空间最大的成员的大小。

（2）[例 8-7] 的共用体 people 有 4 个成员，其中第 4 个成员是一个含有 4 个元素的浮点型数组，该数组每个元素占用 4 字节，大小为 4×4=16 字节，是共用体 people 占用空间最大的成员，所以共用体 people 所需的存储空间为 16 字节，它所定义的变量的大小也就是 16 字节。

**试一试**

【例 8-8】　引用共用体类型变量中的成员变量。

```
/*
   源程序名：ch8_08.c
   功能：引用共用体类型变量中的成员变量
*/
#include <stdio.h>
union example
{
    struct
    {int x;int y;}in;
    int a;
    int b;
}ex;
void main()
{
    ex.a=4;
    ex.b=6;
    ex.in.x=ex.a*ex.b;
    ex.in.y=ex.a+ex.b;
    printf("%d,%d\n",ex.in.x,ex.in.y);
}
```

程序运行结果如图 8-8 所示。

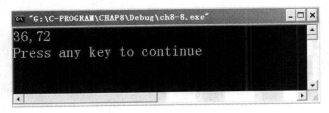

图 8-8　[例 8-8] 的运行结果

（1）共用体变量不能直接引用，只能引用共用体成员。其引用方式为

共用体变量名．成员名

[例8-8]中，ex.a=4、ex.in.x等都是对结构体变量ex的成员进行引用。

（2）共用体是用同一段内存存放不同类型的数据，所以在每一时刻内存只有一成员。[例8-8]中先对成员ex.a进行赋值，然后对成员ex.b进行赋值，那么只有ex.b是有效存在的，而之前对成员ex.a的赋值已经被后者ex.b覆盖而不再有效。

（1）共用体是将不同的数据项放在同一段内存单元的一种构造数据类型。

共用体变量定义的一般形式为

union 共用体名

{

　　成员列表

};

（2）共用体变量的地址和它所有成员的地址都是相同的。如&ex，&ex.a，&ex.b都是同一个地址。

（3）不能对共用体进行初始化（因为它只能存放一个数据），也不能对共用体变量进行赋值。

## 8.5 课 后 练 习

### 一、选择题

1. 有以下程序：

```
struct STU
{ char num[10];
  float score[3];
  };
void main()
{struct STU s[3]={{"20021",90,95,85},
                  {"20022",95,80,75},
                  {"20023",100,95,90}},*p=s;
int i;
float sum=0;
for(i=0;i<3;i++)
    sum=sum+p->score[i];
printf("%6.2f\n",sum);
}
```

程序运行后的输出结果是_____。

A. 260.00　　　　B. 270.00　　　　C. 280.00　　　　D. 285.00

2. 设有如下定义：

```
struct sk
```

```
{ int a;
  float b;
 }data;
int *p;
```

若要使 p 指向 data 中的 a 域，正确的赋值语句是_____。

  A．p=&a;   B．p=data.a;  C．p=&data.a;  D．*p=data.a;

3．设有如下定义：

```
struct ss
{ char name[10];
  int age;
  char sex;
} std[3],* p=std;
```

下面各输入语句中错误的是_____。

  A. scanf("%d",&(*p).age);    B. scanf("%s",&std.name);

  C. scanf("%c",&std[0].sex);    D. scanf("%c",&(p->sex));

4．有以下程序：

```
struct s
{ int x,y;
  } data[2]={10,100,20, 200};
void main()
{ struct s *p=data;
  printf("%d\n",++(p->x));
}
```

程序运行后的输出结果是_____。

  A．10    B．11    C．20    D．21

5．有以下程序：

```
struct STU
{
    char name[10];
    int num;
    };
void f1(struct STU c)
{ struct STU  b={"LiSiGuo",2042};
    c=b;
}
void f2(struct STU *c)
{ struct STU  b={"SunDan",2044};
    *c=b;
}
void main( )
{ struct STU a={"YangSan",2041},b={"WangYin",2043};
      f1(a);
      f2(&b);
      printf("%d %d\n",a.num,b.num);
}
```

执行后的输出结果是_____。

  A. 2041 2044  B. 2041 2043  C. 2042 2044  D. 2042 2043

**二、编写程序**

  1. 设某组有 4 个人，填写如表 8-5 所示的登记表，除姓名、学号外，还有 3 科成绩，编程实现对表格的计算，求解出每个人的 3 科平均成绩，求出 4 个学生的单科平均，并按平均成绩由高分到低分输出。

表 8-5          成 绩 登 记 表

| Number | Name | English | Math | Physics | Average |
|--------|------|---------|------|---------|---------|
| 1 | Liping | 78 | 98 | 76 | |
| 2 | Wanglin | 66 | 90 | 86 | |
| 3 | Jiangbo | 89 | 70 | 76 | |
| 4 | Yangming | 90 | 100 | 67 | |

  2. 编写程序实现功能：保存如表 8-6 所示的 5 位学生的数据，然后统计并显示期中和期末成绩中，有且仅有一次不低于 80 的学生信息。

表 8-6         学 生 成 绩 数 据 表

| 学号 | 姓名 | 数 学 成 绩 | |
|------|------|------|------|
| | | 期中 | 期末 |
| 10001 | 潘特 | 88 | 89 |
| 10002 | 林达 | 90 | 86 |
| 10003 | 金火 | 76 | 80 |
| 10004 | 冉森 | 55 | 58 |
| 10005 | 简恩 | 56 | 68 |

# 8.6 上 机 实 训

**【实训目的】**

（1）掌握结构体类型的定义。

（2）掌握结构体变量的定义及其引用方法。

**【实训内容】**

| 实训步骤及内容 | 题 目 解 答 | 完成情况 |
|----------------|-------------|----------|
| 实训内容：<br>1. 定义一个结构体类型数组，存放 10 个学生的学号、姓名、3 门课的成绩 | | |
| 2. 从键盘输入 10 个学生的以上内容 | | |
| 3. 输出单门课成绩最高的学生的学号、姓名，以及该门课程的成绩 | | |

续表

<table>
<tr><th>实训步骤及内容</th><th>题 目 解 答</th><th>完成情况</th></tr>
<tr><td>4．输出 3 门课程的平均分数最高的学生的学号、姓名及其平均分</td><td></td><td></td></tr>
<tr><td>5．将 10 个学生按照平均分数从高到低进行排序，输出结果。格式如下表所示。
<table>
<tr><td>number</td><td>name</td><td>Math</td><td>Chinese</td><td>English</td><td>average</td></tr>
<tr><td>103</td><td>tom</td><td>90</td><td>90</td><td>100</td><td>95</td></tr>
<tr><td>101</td><td>alice</td><td>90</td><td>80</td><td>70</td><td>80</td></tr>
<tr><td>…</td><td>…</td><td>…</td><td>…</td><td>…</td><td>…</td></tr>
</table>
</td><td></td><td></td></tr>
<tr><td>实训总结：<br>（1）结构体类型适合存放什么类型的数据？<br>（2）定义数据结构体时，若姓名和学号定义的是字符指针类型，如何实现</td><td></td><td></td></tr>
</table>

# 第 9 章　C 语 言 的 文 件

　　如果你的计算机只能处理存储在内存中的数据，那么你能够处理的应用范围和类型就会受到严重的限制。事实上，所有重大的商业应用需要的数据都远远超过内存的存储量，需要使用处理存储在外部设备（如硬盘）上的数据的功能。本章将探讨如何处理存储在外部设备上的数据。

　　C 语言在头文件 stdio.h 中提供了大量的函数，用于读/写外部设备上的数据。所谓外部设备，通常是固定的硬盘或者软盘，不过并不仅限于这些设备。这是因为根据 C 语言的一贯理念，如果要使用的工具都是独立于设备的，则它们实际可以应用于任何外部存储设备。对于这一章的示例，可以假设处理的都是硬盘上的文件。

## 9.1　文 件 的 概 述

**学 习 目 标**

◆ 了解文件的分类

◆ 掌握文件的操作流程

### 9.1.1　文件的分类

**试一试**

【例 9-1】　描述整数 1949 以 ASCII 码形式和二进制形式存储到文件中的区别。

**讲一讲**

　　（1）整数 1949 以 ASCII 码文件形式存储，存储形式如图 9-1 所示。在文件中按顺序存储 1949 分别对应的 ASCII 码，比如 1 的 ASCII 码是 49（十进制），对应的二进制码就是 00110001。整数 1949 在磁盘文件中占用 4 字节。

　　（2）整数 1949 以二进制文件形式存储，存储形式如图 9-2 所示。在内存中存储的就是整数 1949 对应的二进制数，Visual C++环境中的整数在内存中占用 4 字节，所以整数 1949 在内存中也是占用 4 字节的存储空间。那么在文件中如果以二进制形式存储，存储形式和在内存中存储形式一样。

图 9-1　ASCII 码存储形式　　　　　　　　　　　　图 9-2　二进制存储形式

**学一学**

　　（1）文件：指一组相关数据的集合。数据集的名称称为文件名。

　　（2）按照数据的组织形式文件分为：ASCII 文件和二进制文件。

1）ASCII 文件。ASCII 文件又称为文本文件，每个字符对应 1 字节，用于存放对应的 ASCII 码。文件的内容可在屏幕上按字符显示。C 语言源程序文件就是 ASCII 文件，可以使用记事本显示文件内容。

2）二进制文件。二进制文件是把内存中的数据按照内存中的存储形式原样输出到磁盘中存放。二进制文件也可在屏幕上输出，但其内容无法通过记事本等编辑器看懂。

（3）ASCII 文件与二进制文件的比较。

1）ASCII 文件输出与字符——对应，一字节代表一个字符，便于对字符进行逐个处理，但一般占用存储空间较多，而且要花费较多的转换时间。

2）二进制文件可以节省存储空间和转换时间，但不能直接输出字符形式。

### 9.1.2 文件的操作流程

 试一试

【例 9-2】 写出 C 语言文件操作的基本流程。

讲一讲

（1）文件的操作流程一般遵循 4 个步骤，如图 9-3 所示。

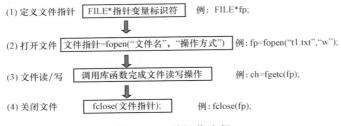

图 9-3 文件操作流程

（2）定义文件指针：定义一个文件类型的指针变量指向文件。

（3）打开文件：使用 fopen()函数打开文件，同时将打开文件操作返回的文件指针值赋值给定义的文件指针，使得该指针指向文件。

（4）文件读/写操作：通过文件指针调用库函数对文件进行读/写操作。例如，调用 fputs()或 fgets()完成文件读/写操作。

（5）关闭文件：文件一旦使用完毕后，应使用关闭文件函数将其关闭，切断打开的文件指针与文件名的联系，释放文件指针，以避免误操作文件中的数据。

（6）对文件操作的库函数，其函数原型均在头文件 stdio.h 中，所以使用文件操作的库函数都要包含头文件 stdio.h。

## 9.2 文件指针的定义

学习目标

◆ 掌握文件指针的概念和定义格式
◆ 了解定义文件指针的目的和作用

### 试一试

【例9-3】 定义一个指向文件的指针。

```
FILE *fp;
```

### 讲一讲

（1）定义文件指针的格式：

FILE *文件指针变量名；　　其中 FILE 必须是大写。

（2）文件指针变量是指向 FILE 结构的指针变量，它指向在内存中为某个文件开辟的用来保存文件信息的结构体变量的首地址，按照结构体变量提供的信息找到文件，并对文件进行相关操作。实际上文件指针是指向保存文件信息的结构体类型的指针，习惯上称它为一个文件的指针。

### 学一学

（1）C 语言编译系统提供了两种文件处理方式：缓冲文件系统和非缓冲文件系统。缓冲文件系统是指系统自动在内存中为每一个正在使用的文件开辟一个缓冲区（默认为 512 字节）。从内存向文件输出数据必须先送到缓冲区，待缓冲区装满后才一起写入磁盘文件。如果从磁盘文件读入数据，必须一次将一批数据从磁盘文件输入到内存缓冲区，然后再从缓冲区逐个将数据送到程序的数据区。创建和操作缓冲区的工作是系统自动完成的。

（2）文件指针是缓冲文件系统中的一个非常重要的概念。系统为每个正在使用的文件在内存开辟一个区域来存放该文件的相关信息。例如，文件的名字、文件的状态、文件的大小以及文件的位置等。这些信息保存在一个结构体类型的变量中。该结构体类型由系统定义，其名称为 FILE。

（3）文件指针变量是指向 FILE 结构体类型的变量，文件的访问必须通过文件指针完成，定义文件指针时必须包含头文件"stdio.h"。

## 9.3　文件的打开与关闭

### 学习目标

◆ 掌握文件的打开方法

◆ 掌握文件的关闭方法

### 试一试

【例9-4】 假设在 D 盘根目录下有一个文本文件（ASCII 文件），文件名为 t1.txt，用只读方式打开它。

```
/*
    源文件名：ch9-4.c
    功能：打开文件
*/
#include  <stdio.h>
#include  <stdlib.h>
```

```
void main()
{
    FILE *fp;                              //定义文件指针
    if(fp=fopen("d:\\t1.txt","r")==NULL)   //调用 fopen()函数打开文件
    {
        printf("不能打开这个文件! \n");
        exit(1);                           //退出操作
    }
    else
        printf("已成功打开文件! \n");
}
```

### 讲一讲

（1）[例 9-4] 中通过使用 fopen()函数的返回值判断是否成功打开一个文件。

（2）fopen()函数的返回值为 NULL，表示打开失败；否则将返回文件指针，表示打开成功。

（3）exit()函数：关闭已经打开的文件，结束程序运行，返回操作系统，并将程序状态值作为函数参数返回给操作系统。当程序状态值为 0 时，表示程序正常退出，非 0 时，表示程序非正常退出。该函数的函数原型包含在头文件 stdlib.h 中。

### 学一学

（1）打开文件就是在内存中建立文件的各种信息，并使文件指针指向该文件。

（2）文件打开函数 fopen()的格式：

文件指针名=fopen("文件名","文件打开方式")；

该函数的功能：返回一个指向指定文件的指针。

（3）说明：

1）文件指针名必须是被声明为 FILE 类型的指针变量。

2）函数参数中的"文件名"是要访问的文件。该文件可以包含路径。两个反斜杠"\\"中的第 1 个表示转义字符，第 2 个表示根目录。

3）函数参数中的"文件打开方式"是指文件的类型（文本文件还是二进制文件）和操作要求（读、写、读/写）。

### 试一试

【例 9-5】 以写入方式打开一个文件，如果该文件不存在，则新建一个；否则，提示是否覆盖原文件。

```
/*
    源文件名：ch9-5.c
    功能：打开文件
*/
#include  <stdio.h>
#include <stdlib.h>
void main()
{
    FILE *fp;                              //定义文件指针
    char ch;
```

```
    fp=fopen("d:\\data.txt","r");                    //以只读方式打开文件
    if(fp!=NULL)      //判断文件是否成功打开，如果成功打开说明该文件已经存在
    {
        printf("该文件已经存在，是否覆盖？(y/n)");    //提示已有同名文件存在
        scanf("%c",&ch);
        if(ch=='n' || ch=='N')
            exit(1);                                 //如果输入 N 或 n，退出程序
    }
    fclose(fp);

    fp=fopen("d:\\data.txt","w");                    //以写入方式打开文件
    if(fp!=NULL)
        printf("这个文件已经被创建!\n");
    else
    {
        printf("这个文件不能被创建!\n");
        exit(1);
    }
    fclose(fp);
}
```

**讲一讲**

（1）首先以只读方式打开 d:\data.txt 文件，如果不能打开（fp=NULL），新建该文件。

（2）如果 d:\data.txt 文件已经存在，就会提示用户"该文件已经存在，是否覆盖？(y/n)"，如果用户不同意覆盖（输入 N 或 n），则结束程序的运行。

（3）如果用户输入 Y 或 y，则覆盖原来的文件，生成一个同名的文件。

（4）语句 `fclose(fp);`表示调用文件关闭函数，关闭文件指针 fp 所指向的文件。

**做一做**

模仿［例 9-5］编写 C 程序实现以读/写方式打开文本文件 c:\tt.txt。

**学一学**

（1）C 语言使用 fopen()函数打开文件，使用 fclose()函数关闭文件。关闭文件是指释放打开文件时分配的内存空间，断开指针与文件之间的联系，禁止再对文件进行操作。

（2）文件关闭函数 fclose()的格式：

　　　　fclose(文件指针);

该函数的功能：关闭文件指针指向的文件。如果正常关闭文件，函数返回值为 0，否则返回值为 EOF（值为–1）。

（3）文件打开方式共有 12 种，如表 9-1 所示。

表9-1　　　　　　　　　　　　　　　文 件 操 作 方 式

| 使 用 方 式 | | 意　　　　义 |
|---|---|---|
| 文本文件<br>单一操作 | r | 只读打开一个文本文件，只允许读数据 |
| | w | 只写打开或建立一个文本文件，只允许写数据 |
| | a | 追加打开一个文本文件，并在文件末尾写数据 |

续表

| 使 用 方 式 | | 意　　义 |
|---|---|---|
| 二进制文件<br>单一操作 | rb | 只读打开一个二进制文件，只允许读数据 |
| | wb | 只写打开或建立一个二进制文件，只允许写数据 |
| | ab | 追加打开一个二进制文件，并在文件末尾写数据 |
| 文本文件<br>读/写操作 | r+ | 读/写打开一个文本文件，允许读/写 |
| | w+ | 读/写打开或建立一个文本文件，允许读/写 |
| | a+ | 读/写打开一个文本文件，允许读，或在文件末追加数据 |
| 二进制文件<br>读/写操作 | rb | 读/写打开一个二进制文件，允许读/写 |
| | wb+ | 读/写打开或建立一个二进制文件，允许读/写 |
| | ab+ | 读/写打开一个二进制文件，允许读，或在文件末追加数据 |

（4）说明：

1）文件打开方式由 r(read)、w(write)、a(append)、b(binary)、+（读/写）5 个字符组成，各字符的含义如表 9-2 所示。

2）用"r"方式打开的文件，该文件必须已经存在，且只能从该文件读出数据。不能用"r"方式打开一个并不存在的文件，否则会出错。

3）用"w"方式打开的文件只能向该文件写入。若打开的文件不存在，则以指定的文件名新建该文件，若打开的文件已经存在，则覆盖该文件。

4）若要向一个已存在的文件追加新的信息，只能用"a"方式打开文件。但此时该文件必须是存在的，否则将会出错。

5）如果打开一个文件时出错，fopen()函数将返回一个空指针值 NULL。在程序中可以用这一信息来判别是否完成打开文件的工作，并作相应的处理。NULL 是个符号常量，已在 stdio.h 中被定义成 0。

**表 9-2**　　　　　　　　　　　　　　**文 件 打 开 方 式**

| 字符 | 作　　用 | 字符 | 作　　用 |
|---|---|---|---|
| r | 读文件 | b | 二进制文件 |
| w | 写文件 | + | 打开后可同时读/写数据 |
| a | 在文件尾部追加数据 | | |

## 9.4　文 件 的 读 / 写

学 习 目 标

◆ 掌握字符读/写函数

◆ 掌握字符串读/写函数

◆ 掌握格式化读/写函数

◆ 掌握数据块读/写函数

### 9.4.1　字符读/写函数

🐾 试一试

【例 9-6】　编写 C 程序实现：从键盘上输入若干个字符，逐个将其存入文件 "e:\ test.txt"
中，直到遇到输入的字符是'＃'号为止。

```c
/*
    源文件名:ch9-6.c
    功能：把字符序列写入到文件中
*/
#include<stdio.h>
#include <stdlib.h>
void main()
{
    FILE *fp;
    char ch;
    fp=fopen("e:\\test.txt","w");    //以写方式打开文件
    printf("请输入一串字符，并以#结束:");
    ch=getchar();                      //输入一个字符
    while(ch!='#')
    {
        fputc(ch, fp);                 //将当前字符写入到文件
        ch=getchar();
    }
    fclose(fp);                        //关闭文件
}
```

🐾 讲一讲

（1）［例 9-6］使用 "w" 方式在 e 盘根下创建文件 test.txt。

（2）`fputc(ch, fp);`是将字符变量 ch 的值写入到 fp 指针指向的文件中。

🐾 试一试

【例 9-7】　编写 C 程序实现：读取文件中的字符序列并输出到屏幕上。

```c
/*
    源文件名:ch9-7.c
    功能：读取文件中的字符序列
*/
#include<stdio.h>
#include <stdlib.h>
void main()
{
    FILE *fp;
    char ch;
    fp=fopen("e:\\test.txt","r");    //以只读方式打开文件
    if(fp!=NULL)                       //判断文件是否成功被打开
    {
        while((ch=fgetc(fp))!=EOF)     //读取文件中的字符直到文件结束
            putchar(ch);               //输出字符到屏幕上
    }
```

```
    else
    {
        printf("无法打开文件!\n");
        exit(1);
    }
    fclose(fp);                            //关闭文件
}
```

### 讲一讲

（1）［例 9-7］使用 "r" 方式打开 e 盘根下 test.txt 文件。

（2）fgetc(fp)：从 fp 指针指向的文件中读取一个字符。

（3）EOF：文本文件的结束标志，在 stdio.h 中定义为-1。

### 学一学

字符读/写函数的功能和使用方法如表 9-3 所示。

表 9-3                          字 符 读 / 写 函 数

| 函数名 | 功　　能 | 格　　式 | 返 回 值 |
|--------|---------|---------|---------|
| fgetc() | 从 fp 指向的文件中读取一个字符赋给内存变量 ch | `ch=fgetc(fp);` | 字符 |
| fputc() | 将内存变量 ch 的值写入 fp 指向的文件中保存 | `fputc(fp,ch);` | 字符 |

说明：fp—文件指针；ch—字符变量

### 做一做

编写 C 程序：用字符读/写函数将一个文本文件（t1.txt）的信息复制到另一个文本文件（t2.txt）中。

【提示】

（1）定义两个指针变量，分别指向原文件和目标文件。

（2）使用 fopen()函数将原文件以 "r" 方式打开，将目标文件以 "w" 方式打开。

（3）判断原文件是否存在（原文件指针!=NULL），如果条件式为真，进行读取复制操作，否则执行 exit(1)退出程序。

（4）读取复制操作：使用 fgetc()函数及 while 循环读取原文件的字符，并通过 fputc()函数将读取的字符写入到目标文件中，直到原文件结束（EOF）。

（5）使用 fclose()函数关闭原文件和目标文件。

### 想一想

如何让［做一做］中的两个文件名实现自动获取？

### 9.4.2　字符串读写函数

### 试一试

【例 9-8】　编写 C 程序实现：使用字符串读/写函数将一个磁盘文件（如 e:\t1.txt）中的内容复制到另一个磁盘文件（如 e:\t2.txt）中。

```
/*
   源文件名:ch9-8.c
   功能：使用字符串读取函数复制文件
*/
#include<stdio.h>
#include <stdlib.h>
void main()
{
    FILE *fp1,*fp2;
    char s[50],fname1[20],fname2[20];
    printf("请输入原文件名：");
    scanf("%s",fname1);
    printf("请输入目标文件名：");
    scanf("%s",fname2);
    fp1=fopen(fname1,"r");          //以只读方式打开原文件
    fp2=fopen(fname2,"w");          //以写方式打开目标文件
    if(fp1!=NULL)                   //判断原文件是否成功被打开
     {
        while(!feof(fp1))           //判原文件是否到文件尾
        {
            fgets(s,50,fp1);        //读取原文件的内容
            fputs(s,fp2);           //将读取到的内容复制到目标文件中
        }
     }
    else
    {
        printf("无法打开原文件!\n");
        exit(1);
    }
    fclose(fp1);
    fclose(fp2);
}
```

**讲一讲**

（1）feof()函数：判断文件是否为文件尾。适用于文本文件和二进制文件。

（2）fgets(s,50,fp1)：表示从 fp1 指针指向的原文件中读取字符串存储到字符数组 s 中，每次读取 49 个字符加上一个字符串结束符'\0'共 50 个字符。

（3）fputs(s,fp2)：把字符数组 s 的内容写入到 fp2 指向的目标文件中，每次写一个字符串。

**学一学**

字符串读/写函数的功能和使用方法如表 9-4 所示。

表 9-4　　　　　　　　　　　字 符 串 读 / 写 函 数

| 函数名 | 功　　能 | 格　　式 | 返 回 值 |
|--------|---------|---------|---------|
| fgets() | 从 fp 指向的文件中读取 $n-1$ 个字符赋给内存数组 str | fgets(str,n,fp); | 成功：返回字符数组的首地址,否则 NULL |
| fputs() | 将字符数组 str 的值写入 fp 指向的文件中保存 | fputs(str,fp); | 成功返回 0 否则 EOF |

说明：fp—文件指针；ch—字符变量；n——次读/写的字符数；str—字符数组

🔧 **做一做**

编写 C 程序：用字符串读/写函数将一个文本文件的信息复制到另一个文本文件中。

要求：不要覆盖目标文件的内容，即把源文件的内容连接到目标文件内容之后。

### 9.4.3　格式化读写函数

🔧 **试一试**

【例 9-9】　编写 C 程序实现：使用格式化读/写函数将 3 条学生信息写到文件 e:\sfile.txt 中，再读取该文件信息显示在屏幕上。

```
/*
    源文件名:ch9-9.c
    功能：使用格式化读取函数
*/
#include<stdio.h>
#include <stdlib.h>
struct student{                        //定义学生结构体类型
    char name[20];
    int num;
    int score;
};
void main()
{
    FILE *fp;
    int i;
    struct student stu;                //定义结构体变量
    fp=fopen("e:\\sfile.txt","w");
    //循环输入每个学生信息并写入到文件中
    for(i=0;i<=2;i++)
    {
      printf("请输入第%d名学生的姓名、学号以及成绩(数据之间以空格分隔):",i+1);
        scanf("%s%d%d",stu.name,&stu.num,&stu.score);
        //将学生信息按格式写入到文件中
        fprintf(fp,"%10s%6d%10d\n",stu.name,stu.num,stu.score);
    }
    fclose(fp);
    fp=fopen("e:\\sfile.txt","r");
    if(fp==NULL)
    {
        printf("不能打开该文件! \n");
        exit(1);
    }
    else
    {
        //循环读取并输出每个学生的信息到屏幕上
        for(i=0;i<=2;i++)
        {
            //按格式读取学生信息
            fscanf(fp,"%10s%6d%10d\n",stu.name,&stu.num,&stu.score);
            printf("%10s%6d%10d\n",stu.name,stu.num,stu.score);
```

```
        }
    }
    fclose(fp);
}
```

**讲一讲**

（1）fprintf(fp,"%10s%6d%10d\n",stu.name,stu.num,stu.score)：将学生的信息按格式写入到文件中。

（2）fscanf(fp,"%10s%6d%10d\n",stu.name,&stu.num,&stu.score)：按格式从文件中读取学生信息。

（3）fscanf()和fprintf()函数与scanf()和printf()函数的功能相似，都是格式化读/写函数。只是fscanf()和fprintf()函数读/写的对象是文件。

**学一学**

格式化读/写函数的功能和使用方法如表9-5所示。

**表9-5**　　　　　　　　　　**格 式 化 读 / 写 函 数**

| 函数名 | 功　　　能 | 格　　　式 |
|--------|-----------|-----------|
| fscanf() | 从文件中读取格式化数据 | fscanf(fp, 格式字符串，输入列表); |
| fprintf() | 向文件中写入格式化数据 | fprintf(fp, 格式字符串，输出列表); |

### 9.4.4　数据块读写函数

**试一试**

**【例9-10】** 编写C程序实现：使用数据块读/写函数将3条学生信息写到文件e:\sfile.dat中，再读取该文件信息显示在屏幕上。

```
/*
    源文件名:ch9-10.c
    功能：使用数据块读取函数
*/
#include<stdio.h>
#include <stdlib.h>
struct student{                           //定义学生结构体类型
    char name[20];
    int num;
    int math,english,chinese;
}stu[3],st;
void main()
{
    FILE *fp;
    int i;
    fp=fopen("e:\\sfile.dat","wb+");
    //输入3个每个学生信息并写入到文件中
    for(i=0;i<=2;i++)
    {
printf("请输入第%d名学生的姓名、学号以及三门课成绩(数据之间以空格分隔): ",i+1);
scanf("%s%d%d%d%d",stu[i].name,&stu[i].num,&stu[i].math,&stu[i].english,&
```

```
stu[i].chinese);
                //将每个学生信息写入到文件中
                fwrite(&stu[i],sizeof(struct student),1,fp);
        }
        fclose(fp);
        fp=fopen("e:\\sfile.dat","rb");
        if(fp==NULL)
        {
            printf("不能打开该文件! \n");
            exit(1);
        }
        else
        {
            //读取并输出每个学生的信息到屏幕上
            for(i=0;i<=2;i++)
            {
                //从文件中读取每个学生信息
                fread(&st,sizeof(struct student),1,fp);
        printf("%12s%6d%10d%10d%10d\n",st.name,st.num,st.math,st.english,st.chinese);
            }
        }
        fclose(fp);
    }
```

**讲一讲**

（1）数据块读/写函数可一次读/写一组数据，如一个数组、一个结构体变量的值等。数据块读/写函数有 fread()和 fwrite()。

（2）fwrite(&stu[i],sizeof(struct student),1,fp)：执行一次写入 1 个学生信息到 fp 指向的文件中，&stu[i]表示要写入的信息，sizeof(struct student)表示每次写入的字节数，1 表示 1 次写入 1 个单位。

（3）fread(&st,sizeof(struct student),1,fp)：表示从文件中读取学生信息，从 fp 指向的文件中读取一个数据块，该数据块的字节数为结构体类型变量所占用的字节数，然后将读取的内容保存在结构体变量 st 中。

**学一学**

（1）数据块读/写函数的功能和使用方法如表 9-6 所示。

表 9-6　　　　　　　　　　　　　　　**数 据 块 读 / 写 函 数**

| 函数名 | 功　　能 | 格　　式 |
|---|---|---|
| fread() | 从文件中读一数据块 | fread(buffer,size,count,fp); |
| fwrite() | 将一个数据块写到文件中 | fwrite(buffer,size,count,fp); |

（2）说明：

1）fread()函数的功能就是从 fp 指向文件的当前位置开始，一次读入 size 字节，重复 count 次，并将读入的数据存放到指针 buffer 指向的内存中。同时将位置指针向前移动 size*count 字节。

2）fwrite( )函数的功能就是从 buffer 的当前位置开始，一次输出 size 字节，重复 count 次，并将输出的数据存放到文件指针 fp 所指向的文件中。同时，将位置指针向前移动 size*count 字节。例如，已知一个实型数组 f[10],对于如下语句：

fwrite(f,4,2,fp);表示每次将实型数组 f 中 4 字节的内容写入到 fp 所指向的文件中，连续写两次，即写两个实数到文件中。

3）fread( )和 fwrite( )函数的返回值为 count，即输入/输出数据项的完整个数。

4）fread( )和 fwrite( )函数读写文件时，只有使用二进制方式，才可以读/写任何类型的数据。常用于读/写数组类型和结构体类型数据。

## 9.5 知 识 扩 展

**学 习 目 标**

◆ 了解随机文件的读/写

前面讲述的文件读/写方式都是顺序读/写（读/写操作只能从文件头开始，并按顺序读/写）。但在实际应用中经常不需要从文件头读/写数据，而是从文件的某一位置开始读/写。这种读/写方式称为随机读/写。

**试一试**

【例 9-11】 从［例 9-10］中写入的文件 e:\sfile.dat 读出第 2 个学生的数据。

```c
/*
    源文件名:ch9-11.c
    功能：随机文件的读/写
*/
#include<stdio.h>
#include <stdlib.h>
struct stu{
    char name[20];
    int num;
    int math,english,chinese;
}student[2],*sp;
void main()
{
    FILE *fp;
    sp=student;
    fp=fopen("e:\\sfile.dat","rb");
    if(fp==NULL)
    {
        printf("不能打开该文件! \n");
        exit(1);
    }
    else
    {
        rewind(fp);
        fseek(fp,1*sizeof(struct stu),0);
```

```
        fread(sp,sizeof(struct stu),1,fp);
      printf("%12s%6d%10d%10d%10d\n",sp->name,sp->num,sp->math,sp->english,
sp->chinese);
      }
      fclose(fp);
}
```

### 讲一讲

（1）rewind(fp)：将文件内部的位置指针移到文件首。

（2）fseek(fp,1*sizeof(struct stu),0)：把位置指针移动一个 stu 类型的长度。

### 学一学

（1）位置指针总是指向当前读/写的位置，它位于文件的内部。而文件指针总是指向文件的。想要实现文件的随机读/写，关键是按要求移动位置指针。移动文件内部位置指针的函数主要有两个，其功能如表 9-7 所示。

表 9-7                                    文 件 定 位 函 数

| 函数名 | 功　　能 | 格　　式 |
|--------|----------|----------|
| rewind() | 把文件内部的位置指针移到文件首 | rewind（文件指针）； |
| fseek() | 随机设置文件位置指针 | fseek（文件指针，位移量,起始位置）； |

（2）当我们在执行读取文件数据的过程中既想从头读取，又不想关闭并重新打开文件，可以使用 rewind()函数，调用该函数后，文件的位置指针将重新移到文件的开始位置。它相当于 fseek(fp,0L,SEEK_SET);

（3）fseek()函数中的文件指针指向指定的文件，位移量表示位置指针相对于起始位置移动的字节数，起始位置表示从何处计算位移量，它的取值有 3 种情况，如表 9-8 所示。

表 9-8                                    起 始 点 定 义 表

| 起　始　点 | 定　义　符 | 定　义　值 |
|-----------|-----------|-----------|
| 文件首 | SEEK_SET | 0 |
| 当前位置 | SEEK_CUR | 1 |
| 文件尾 | SEEK_END | 2 |

例如，fseek(fp,100L,SEEK_SET)：表示将位置指针强制移到离文件头 100 字节处，注意位移量规定为长整型，这里是 100L。

又如，fseek(fp,0L,SEEK_END)：表示将位置指针移到文件末尾。

## 9.6  课 后 练 习

### 一、选择题

1．已知函数 fwrite()的一般调用形式是 fwrite(buffer,size,count,fp)，其中 buffer 代表的是_____。

　　A．一个指向要输出文件的文件指针

    B．存放输出数据项的存储区

    C．要输出数据项的总数

    D．存放要输出的数据的地址或指向此地址的指针

2．若调用 fputc()函数输出字符成功，则其返回值是_____。

    A．EOF           B．1           C．0           D．输出的字符

3．标准函数 fgets(s, n, f)的功能是_____。

    A．从文件 f 中读取长度为 $n$ 的字符串存入指针 s 所指的内存

    B．从文件 f 中读取长度不超过 $n-1$ 的字符串存入指针 s 所指的内存

    C．从文件 f 中读取 $n$ 个字符串存入指针 s 所指的内存

    D．从文件 f 中读取长度为 $n-1$ 的字符串存入指针 s 所指的内存

4．若 fp 是指向某文件的指针，且已读到该文件的末尾，则 C 语言库函数 feof(fp)的返回值是_____。

    A．EOF           B．−1           C．非零值           D．NULL

5．有以下程序：

```c
#include <stdio.h>
void main()
{
    FILE *fp;
    int i=20,j=30,k,n;
    fp=fopen("d1.dat", "w");
    fprintf(fp, "%d\n",i);
    fprintf(fp, "%d\n",j);
    fclose(fp);
    fp=fopen("d1.dat", "r");
    fp=fscanf(fp, "%d%d",&k,&n);
    printf("%d  %d\n",k,n);
    fclose(fp);
}
```

程序运行后的输出结果是_____。

    A．20  30       B．20  50       C．30  50       D．30  20

## 二、程序填空

1．下面的程序用于统计文件中字符的个数，请完整程序。

```c
#include<stdio.h>
#include <stdlib.h>
void main()
{
    FILE *fp;
    int num=0;
    fp=fopen("file.dat","r");
    if(fp==NULL)
    {
        printf("不能打开该文件! \n");
        _____;
```

```
    }
    while(_____)
    {
        fgetc(fp);
        num++;
    }
    printf("number=%d\n",num);
    _____;
}
```

2. 以下程序的功能是以二进制"写"方式打开文件 d1.dat，写入 1～100 这 100 个整数后关闭文件，再以二进制"读"方式打开文件 d1.dat，将这 100 个整数读入到另一个数组 b 中，并输出。

```
#include<stdio.h>
void main()
{
    FILE *fp;
    int i,a[100],b[100];
    fp=fopen("d1.dat",_____);
    for(i=0;i<100;i++)
        a[i]=i+1;
    fwrite(a,sizeof(int),100,fp);
    fclose(fp);
    fp=fopen("d1.dat","rb");
    _____;
    fclose(fp);
    for(i=0;i<100;i++)
        printf("%d\n",b[i]);
}
```

三、以下程序把输入的字符输出到名为 **abc.txt** 的文件中，直到从键盘输入字符#结束操作。找出下列程序错误，修改并说明出错的原因

```
#include<stdio.h>
void main()
{
    FILE *fout;
    char ch;
    fout=fopen('abc.txt','w');
    ch=fgetc(stdin);
    while(ch!='#')
    {
        fputc(ch,fout);
        ch=fgetc(stdin);
    }
    fclose(fout);
}
```

**四、编写程序**

1. 从键盘输入一个字符串（以 '\n' 结束），将其中的小写字母全部转换成大写字母，

再输出到一个磁盘文件"text"中保存。然后从该文件中把它们读出来一次显示在屏幕上，试编写 C 程序，要求只能使用一次 fopen() 函数。

2．有 5 个学生，每个学生有 3 门课的成绩，从键盘输入学生数据（包括学生号、姓名、三门课成绩），计算出平均成绩，将原有数据和计算出的平均成绩存放在磁盘文件"stud"中。

3．将上题"stud"文件中的学生数据，按平均分进行排序处理，将已排序的学生数据存入一个新文件"stu_sort"中。

# 9.7　上 机 实 训

【实训目的】

（1）理解文件指针的概念。

（2）掌握文件的相关操作：打开、读、写、关闭、定位。

【实训内容】

| 实训步骤及内容 | 题 目 解 答 | 完成情况 |
|---|---|---|
| 1．若文本文件 f1.txt 原有内容为：good，运行下列程序后，文件 f1.txt 中的内容为多少？为什么？<br><br>```#include <stdio.h>\nvoid main()\n{\n    FILE *fp;\n    fp=fopen("f1.txt","w");\n    fprintf(fp,"abc");\n    fclose(fp);\n}``` | | |
| 2．文本文件 test.txt 中的内容为 Hello,everyone!。执行下列程序后输出的结果是什么？为什么？<br><br>```#include <stdio.h>\n#include <stdlib.h>\nvoid main()\n{\n    FILE *fp;\n    char str[40];\n    fp=fopen("test.txt","r");\n    if(fp==NULL)\n        exit(1);\n    fgets(str,5,fp);\n    printf("%s\n",str);\n    fclose(fp);\n}``` | | |
| 3．下列程序使用数据块读写函数读取文件信息，运行程序，写出运行结果，并分析结果。<br><br>```#include <stdio.h>\n#include <stdlib.h>\nvoid main()\n{``` | | |

| 实训步骤及内容 | 题 目 解 答 | 完成情况 |
|---|---|---|
| ```c FILE *fp; int i,a[4]={1,2,3,4},b; fp=fopen("data.dat","wb"); for(i=0;i<4;i++)     fwrite(&a[i],sizeof(int),1,fp); fclose(fp); fp=fopen("data.dat","rb"); if(fp==NULL)     exit(1); //将文件位置指针从文件尾向前移 2*sizeof(int)字节     fseek(fp,-2L*sizeof(int),SEEK_END); //读取一个 int 型数值(a[2]的值)给变量 b     fread(&b,sizeof(int),1,fp); fclose(fp); printf("%d\n",b); } ``` | | |
| 4. 分析下列程序的运行结果。<br>```c #include <stdio.h> #include <stdlib.h> void main() {     FILE *fp;     int i,k,n;     fp=fopen("data.dat","w+");     for(i=1;i<6;i++)     {         fprintf(fp,"%d",i);         if(i%3==0)fprintf(fp,"\n");     }     rewind(fp);     fscanf(fp,"%d%d",&k,&n);     printf("%d   %d\n",k,n);     fclose(fp); } ```<br>如果将 if(i%3==0)fprintf(fp,"\n");修改为 fprintf (fp,"\n");程序的结果如何？为什么？ | | |
| 5. 分析下列程序的运行结果。<br>```c #include <stdio.h> void main() {     FILE *fp;     int i,a[6]={1,2,3,4,5,6};     fp=fopen("d3.dat","w+b");     fwrite(a,sizeof(int),6,fp);     fseek(fp,sizeof(int)*3,SEEK_SET);     fread(a,sizeof(int),3,fp);     fclose(fp);     for(i=0;i<6;i++)         printf("%d,",a[i]); } ``` | | |

| 实训步骤及内容 | 题　目　解　答 | 完成情况 |
|---|---|---|
| 6．编写 C 程序实现下列功能。<br>（1）定义一个结构体数组，存放 10 个学生的学号、姓名、3 门课的成绩。<br>（2）从键盘输入 10 个学生的信息，存入文件 stud.dat，关闭文件。<br>（3）打开 stud.dat 文件，将数据读出并输出到屏幕上，关闭文件。<br>（4）打开文件 stud.dat 文件，读出数据，将 10 个学生按照平均分数从高到低进行排序，分别将结果输出到屏幕上和另一文件 studsort.dat 中。<br>（5）从 studsort.dat 文件中分别读取第 2、4、6、8、10 个学生的数据 | | |
| 实训总结：<br>分析讨论如下问题。<br>（1）什么是文件指针？什么是文件位置指针？<br>（2）使用文件的一般操作步骤？<br>（3）如何打开文件？<br>（4）文件使用完毕后为什么要关闭？<br>（5）如何将单个字符写入到文件中？<br>（6）如何将字符串写入到文件中？<br>（7）如何将结构体存入到文件中？<br>（8）scanf()和 fscanf()、printf()和 fprintf()有何区别？<br>（9）为什么要进行文件定位？如何进行文件定位？<br>（10）标识符 EOF 是否作为二进制文件的结束标志 | | |

# 项目3  学生信息管理系统

**【项目描述】**

（1）功能：实现对批量学生信息的管理（本项目以 3 名学生为例），通过学生信息管理系统能够进行学生信息的录入、显示、查询、修改、排序等功能。实现学生管理工作的系统化和自动化。系统功能如项目图 3-1 所示。

（2）各功能模块说明。

1）录入学生信息模块：实现学生学号、姓名、3 门课成绩等相关信息的录入，并实现平均成绩的计算与添加。

2）显示学生信息模块：实现全部学生信息的显示和浏览。

3）查询学生信息模块：实现按学生的学号进行学生信息的查询，并将查询的结果显示出来。

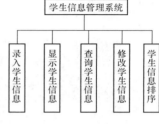

项目图 3-1  系统功能图

4）修改学生信息模块：实现按学号修改学生信息。

5）学生信息排序模块：实现按学生平均分成绩由高到低排序显示。

**【知识要点】**

（1）C 语言的函数。

（2）C 语言的数组。

（3）C 语言的结构体。

（4）C 语言的文件。

**【项目实现】**

**1. 系统分析与设计**

通过分析以上功能描述，可以确定本系统的数据结构和主要功能模块。

（1）定义数据结构。由于学生的数据包括学号、姓名和 3 门课成绩，所以决定采用结构体类型来描述，具体定义如下。

```c
struct student
{
    char num[6];
    char name[8];
    int score[3];
    double av;
}
```

（2）程序功能模块：根据系统要求，确定了 5 个功能模块，如项目图 3-1 所示，每个模块对应一个函数，分别命名为录入学生信息模块（create()）、显示学生信息模块（show()）、查询学生信息模块（search()）、修改学生信息模块（modify()）、学生信息排序模块（sort()）。

**2. 各个模块设计**

（1）主界面设计。为了程序界面清晰，主界面采用菜单设计，便于用户选择执行，如项目图 3-2 所示。

本模块采用 printf()函数实现主界面设计,并使用 system("cls")清屏,此函数原型在 "stdlib.h"头文件中。本模块通过系统主函数 main()调用。

(2)录入学生信息模块。本模块是从键盘输入 *N* 个(假定为 3 个学生)学生数据(包括学号、姓名、3 门课成绩),并计算每个学生的平均成绩,然后将所有数据写入到磁盘文件 "stud"中,"stud"为二进制数据文件,用函数 fread()和 fwrite()完成读写操作。数据的录入过程如项目图 3-3 所示。

本模块使用循环,结合 scanf()函数将数据录入到结构体数组中,通过 fwrite()函数写到数据文件 "stud"中。

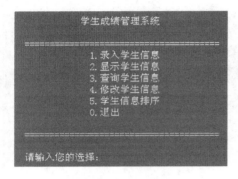

项目图 3-2   主菜单                        项目图 3-3   录入界面

(3)显示学生信息模块。从磁盘文件中读取学生信息,以表格形式显示到屏幕上。显示格式如项目图 3-4 所示。

本模块使用 fread()函数将文件中的数据读取到结构体数组中,再通过循环语句,结合 printf()函数将其以表格形式显示在屏幕上。打开数据文件时,应先检测文件是否存在,如果不存在应显示提示信息,并使用 exit(1)函数结束本模块。

(4)查询学生信息模块。按学号查询学生的信息,找到显示该学生的所有信息,如项目图 3-5(a)所示;未找到,显示"无此学生"信息,如项目图 3-5(b)所示。

项目图 3-4   查询界面

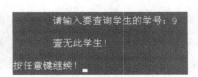

(a)查询界面(一)                        (b)查询界面(二)

项目图 3-5   按学号查询学生信息

本模块通过屏幕输入的学生学号，在结构体数组中（数据文件中的数据已经预先通过fread()函数读取到结构体数组中）查找该学生是否存在，如果存在，显示其信息，否则输出"查无此学生！"。

（5）修改学生信息模块。按学号查询学生信息，找到显示该学生信息，并提示"是否修改"，若修改，则逐条输入相应信息，如项目图 3-6 所示；否则返回主菜单。若未找到，显示"查无此学生！"。

本模块首先按照输入的学号查找该学生，如果存在，显示其信息，并提示"是否修改"，如果修改信息，依次显示需要修改的项目，并等待键盘输入相应信息。如果不存在，显示"查无此学生！"。

（6）学生信息排序模块。按平均成绩由高到低排序显示学生信息。如项目图 3-7 所示。

本模块通过冒泡排序算法对读取的文件数据按照平均分进行由高到低排序，并在屏幕上显示。

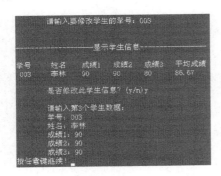

项目图 3-6　修改界面

项目图 3-7　排序界面

（7）主函数。主要是通过循环语句，结合 switch 语句完成主菜单的功能调用。

**3．源程序清单**

```c
#include <stdio.h>
#include <stdlib.h>
#include <string.h>
#define N 3

struct student                          //定义学生结构体
{
    char num[6];
    char name[8];
    int score[3];
    double av;
}stu[N],s[N];
struct student ss;

//显示菜单
void showmenu()
{
    system("cls");
    printf("\n\t\t          学生成绩管理系统              \n");
```

```
        printf("\n\t\t================================\n");
        printf("\t\t                1.录入学生信息              \n");
        printf("\t\t                2.显示学生信息              \n");
        printf("\t\t                3.查询学生信息              \n");
        printf("\t\t                4.修改学生信息              \n");
        printf("\t\t                5.学生信息排序              \n");
        printf("\t\t                0.退出                      \n");
        printf("\n\t\t================================\n");
        printf("\n\t\t 请输入您的选择：");
}


//录入学生原始数据并写入到磁盘上
void create()
{
    int i,j,sum;
    FILE *fp;
    system("cls");
    printf("\n\n");
    for(i=0;i<N;i++)
    {
        printf("\n\t 请输入第%d 个学生数据：\n",i+1);
        printf("\t 学号: ");
        scanf("%s",stu[i].num);
        printf("\t 姓名: ");
        scanf("%s",stu[i].name);
        sum=0;
        for(j=0;j<3;j++)
        {
            printf("\t 成绩%d: ",j+1);
            scanf("%d",&stu[i].score[j]);
            sum+=stu[i].score[j];
        }
        stu[i].av=sum/3.0;
    }
    fp=fopen("stud","wb");
    for(i=0;i<N;i++)
        fwrite(&stu[i],sizeof(struct student),1,fp);
    fclose(fp);
}


//从磁盘文件中读取学生信息并显示
void show()
{
    int i,j;
    char ch;
    FILE *fp;
    fp=fopen("stud","rb");
    if(fp!=NULL)                        //判断文件是否成功被打开
    {
        system("cls");
        for(i=0;i<N;i++)
```

```
        fread(&stu[i],sizeof(struct student),1,fp);
    printf("\n\n------------------学生信息表----------\n\n");
    printf("学号\t 姓名\t 成绩1\t 成绩2\t 成绩3\t 平均成绩\n");
    for(i=0;i<N;i++)
    {
        printf(" %s\t %s\t",stu[i].num,stu[i].name);
        for(j=0;j<3;j++)
        {
            printf(" %d\t",stu[i].score[j]);
        }
        printf(" %.2lf\n",stu[i].av);
        printf("\n");
    }
}
else
{
    printf("无法打开文件!\n");
    exit(1);
}
fclose(fp);                              //关闭文件
printf("按任意键继续! ");
scanf("%c",&ch);
scanf("%c",&ch);
}

//按学号查询学生信息
void search()
{
    int i,j;
    FILE *fp;
    char ch,xh[6];
    fp=fopen("stud","rb");
    if(fp!=NULL)                         //判断文件是否成功被打开
    {
        system("cls");
        for(i=0;i<N;i++)
            fread(&stu[i],sizeof(struct student),1,fp);
        printf("\n\n\t 请输入要查询学生的学号: ");
        scanf("%s",xh);
        for(i=0;i<N;i++)
            if(strcmp(xh,stu[i].num)==0)break;
        if(i<N)
        {
            printf("\n\n-------------学生信息查询------------\n\n");
            printf("学号\t 姓名\t 成绩1\t 成绩2\t 成绩3\t 平均成绩\n");
            printf(" %s\t %s\t",stu[i].num,stu[i].name);
            for(j=0;j<3;j++)
            {
                printf(" %d\t",stu[i].score[j]);
            }
            printf(" %.2lf\n",stu[i].av);
```

```
                    printf("\n");
            }
            else
                printf("\n\t 查无此学生! \n\n");
        }
        else
        {
            printf("无法打开文件!\n");
            exit(1);
        }
        fclose(fp);                        //关闭文件
        printf("按任意键继续! ");
        scanf("%c",&ch);
        scanf("%c",&ch);
}


//修改学生信息
void modify()
{
        int i,j,sum=0;
        FILE *fp;
        char ch,xh[6],flag='y';
        fp=fopen("stud","rb+");
        if(fp!=NULL)                       //判断文件是否成功被打开
        {
            system("cls");
            for(i=0;i<N;i++)
                fread(&stu[i],sizeof(struct student),1,fp);
            printf("\n\n\t 请输入要修改学生的学号: ");
            scanf("%s",xh);
            for(i=0;i<N;i++)
                if(strcmp(xh,stu[i].num)==0)break;
            if(i<N)
            {
                printf("\n\n--------------显示学生信息-----------\n\n");
                printf("学号\t 姓名\t 成绩1\t 成绩2\t 成绩3\t 平均成绩\n");
                printf(" %s\t %s\t",stu[i].num,stu[i].name);
                for(j=0;j<3;j++)
                {
                    printf(" %d\t",stu[i].score[j]);
                }
                printf(" %.2lf\n",stu[i].av);
                printf("\n");
                printf("\t 是否修改此学生信息? (y/n)");
                getchar();
                scanf("%c",&flag);
                if(flag=='y' || flag=='Y')
                {
                    printf("\n\t 请输入第%d 个学生数据: \n",i+1);
                    printf("\t 学号: ");
                    scanf("%s",ss.num);
```

```
                printf("\t 姓名: ");
                scanf("%s",ss.name);
                sum=0;
                for(j=0;j<3;j++)
                {
                    printf("\t 成绩%d: ",j+1);
                    scanf("%d",&ss.score[j]);
                    sum+=ss.score[j];
                }
                ss.av=sum/3.0;
                fseek(fp,i*sizeof(struct student),SEEK_SET);
                fwrite(&ss,sizeof(struct student),1,fp);
            }
        }
        else
            printf("\n\t 查无此学生! \n\n");
    }
    else
    {
        printf("无法打开文件!\n");
        exit(1);
    }
    fclose(fp);                              //关闭文件
    printf("按任意键继续! ");
    scanf("%c",&ch);
    scanf("%c",&ch);
}

//按个人平均成绩由高到低排序
void sort()
{
    int  i,j,k,t=0;
    char ch;
    double temp=0;
    char str[10]=" ";
    FILE *fp;
    fp=fopen("stud","rb");
    if(fp!=NULL)
    {
        system("cls");
        for(i=0;i<N;i++)
            fread(&s[i],sizeof(struct student),1,fp);
        for(i=0;i<N-1;i++)
            for(j=i+1;j<N;j++)
                if(s[i].av<s[j].av)
                {
                    temp=s[i].av;
                    s[i].av=s[j].av;
                    s[j].av=temp;
                    strcpy(str,s[i].num);
                    strcpy(s[i].num,s[j].num);
```

```
                    strcpy(s[j].num,str);
                    strcpy(str,s[i].name);
                    strcpy(s[i].name,s[j].name);
                    strcpy(s[j].name,str);
                    for(k=0;k<3;k++)
                    {
                        t=s[i].score[k];
                        s[i].score[k]=s[j].score[k];
                        s[j].score[k]=t;
                    }
                }
            printf("\n\n---------------学生信息表-------------\n\n");
            printf("学号\t 姓名\t 成绩1\t 成绩2\t 成绩3\t 平均成绩\n");
            for(i=0;i<N;i++)
            {
                printf(" %s\t %s\t",s[i].num,s[i].name);
                for(j=0;j<3;j++)
                    printf(" %d\t",s[i].score[j]);
                printf(" %.2lf\n",s[i].av);
                printf("\n");
            }
        }
        else
        {
            printf("无法打开文件!\n");
            exit(1);
        }
        fclose(fp);                          //关闭文件
        printf("按任意键继续! ");
        scanf("%c",&ch);
        scanf("%c",&ch);
}


//主程序: 调用主菜单
void main()
{
    int choice;
    showmenu();
    scanf("%d",&choice);
    while(choice!=0)
    {
        switch(choice)
        {
            case 1:
                create();
                break;
            case 2:
                show();
                break;
            case 3:
```

```
                search();
                break;
            case 4:
                modify();
                break;
            case 5:
                sort();
                break;
        }
        showmenu();
        scanf("%d",&choice);
    }
}
```

**【项目总结】**

（1）该项目实现了学生信息的录入、查询、修改、显示、排序等功能。项目中使用了结构体数组，结构体数组与一般的数组存储结构明显不同，但在数据的访问方法上基本相同。

（2）本项目使用文件的目的是将数据保存到磁盘中。在整个项目中，何时导入数据，何时保存数据，需要全面考虑。

（3）本项目未实现删除学生信息的功能，读者可以在练习时自行实现。

# 附录 A 常用字符与 ASCII 代码对照表

| ASCII 值 | 字符 | ASCII 值 | 字符 | ASCII 值 | 字符 | ASCII 值 | 字符 |
|---|---|---|---|---|---|---|---|
| 0 | (nul) | 32 | (sp) | 64 | @ | 96 | ` |
| 1 | (soh) | 33 | ! | 65 | A | 97 | a |
| 2 | (stx) | 34 | " | 66 | B | 98 | b |
| 3 | (etx) | 35 | # | 67 | C | 99 | c |
| 4 | (eot) | 36 | $ | 68 | D | 100 | d |
| 5 | (enq) | 37 | % | 69 | E | 101 | e |
| 6 | (ack) | 38 | & | 70 | F | 102 | f |
| 7 | (bel) | 39 | ' | 71 | G | 103 | g |
| 8 | (bs) | 40 | ( | 72 | H | 104 | h |
| 9 | (ht) | 41 | ) | 73 | I | 105 | i |
| 10 | (nl) | 42 | * | 74 | J | 106 | j |
| 11 | (vt) | 43 | + | 75 | K | 107 | k |
| 12 | (np) | 44 | , | 76 | L | 108 | l |
| 13 | (cr) | 45 | − | 77 | M | 109 | m |
| 14 | (so) | 46 | . | 78 | N | 110 | n |
| 15 | (si) | 47 | / | 79 | O | 111 | o |
| 16 | (dle) | 48 | 0 | 80 | P | 112 | p |
| 17 | (dc1) | 49 | 1 | 81 | Q | 113 | q |
| 18 | (dc2) | 50 | 2 | 82 | R | 114 | r |
| 19 | (dc3) | 51 | 3 | 83 | S | 115 | s |
| 20 | (dc4) | 52 | 4 | 84 | T | 116 | t |
| 21 | (nak) | 53 | 5 | 85 | U | 117 | u |
| 22 | (syn) | 54 | 6 | 86 | V | 118 | v |
| 23 | (etb) | 55 | 7 | 87 | W | 119 | w |
| 24 | (can) | 56 | 8 | 88 | X | 120 | x |
| 25 | (em) | 57 | 9 | 89 | Y | 121 | y |
| 26 | (sub) | 58 | : | 90 | Z | 122 | z |
| 27 | (esc) | 59 | ; | 91 | [ | 123 | { |
| 28 | (fs) | 60 | < | 92 | \ | 124 | \| |
| 29 | (gs) | 61 | = | 93 | ] | 125 | } |
| 30 | (rs) | 62 | > | 94 | ^ | 126 | ~ |
| 31 | (us) | 63 | ? | 95 | _ | 127 | (del) |

# 附 录 B　C 语 言 关 键 字

| | | | | | |
|---|---|---|---|---|---|
| auto | break | case | char | const | continue |
| default | do | double | else | enum | extern |
| float | for | goto | if | int | long |
| register | return | short | signed | sizeof | static |
| struct | switch | typedef | union | unsigned | void |
| volatile | while | | | | |

# 附录C　运算符优先级和结合方向

| 级　别 | 运　算　符 | 含　义 | 结合性 |
|---|---|---|---|
| 15 | ()<br>[]<br>-><br>. | 圆括号<br>下标运算符<br>执行结构成员运算符<br>结构成员运算符 | 从左至右 |
| 14 | ++<br>——<br>—<br>!<br>~<br>(type)<br>*<br>&<br>sizeof | 自增运算符<br>自减运算符<br>取负运算符<br>逻辑非运算符<br>按位求反运算符<br>类型转换运算符<br>指针运算符<br>地址运算符<br>长度运算符 | 从右至左 |
| 13 | *<br>/<br>% | 乘法运算符<br>除法运算符<br>求余运算符 | 从左至右 |
| 12 | +<br>— | 加法运算符<br>减法运算符 | 从左至右 |
| 11 | >><br><< | 右移运算符<br>左移运算符 | 从左至右 |
| 10 | <　<=　>　>= | 关系运算符 | 从左至右 |
| 9 | ==<br>!= | 等于运算符<br>不等于运算符 | 从左至右 |
| 8 | & | 按位与运算符 | 从左至右 |
| 7 | ^ | 按位异或运算符 | 从左至右 |
| 6 | \| | 按位或运算符 | 从左至右 |
| 5 | && | 逻辑与运算符 | 从左至右 |
| 4 | \|\| | 逻辑或运算符 | 从左至右 |
| 3 | ?: | 条件运算符 | 从右至左 |
| 2 | =　+=　—=　*=　/=　%=<br>^=　\|=　<<=　>>= | 赋值运算符 | 从右至左 |
| 1 | , | 逗号运算符 | 从左至右 |

**说　明**

（1）表中的运算符分为15级，级别越高，优先级就越高。

（2）第14级的"*"代表取内容运算符，第13级的"*"代表乘法运算符。

（3）第14级的"—"代表取负运算符，第12级的"—"代表减法运算符。

（4）第14级的"&"代表取地址运算符，第8级的"&"代表按位与运算符。

# 附录 D  C 语言常见库函数

| 函数<br>类别 | 函数名 | 函 数 原 型 | 函 数 功 能 | 函数返回值 | 需包含<br>的文件 |
|---|---|---|---|---|---|
| 数学<br>计算 | abs | int abs(int i); | 求整数的绝对值 | 计算结果 | math.h |
| | acos | double acos(double x); | 反余弦函数 | 计算结果 | |
| | asin | double asin(double x); | 反正弦函数 | 计算结果 | |
| | atan | double atan(double x); | 反正切函数 | 计算结果 | |
| | cos | double cos(double x); | 余弦函数 | 计算结果 | |
| | exp | double exp(double x); | 求 e 的 x 次方幂 | 计算结果 | |
| | fabs | double fabs(double x); | 求符点数的绝对值 | 计算结果 | |
| | floor | double floor(double x); | 求不大于 x 的最大整数 | 计算结果 | |
| | fmod | double fmod(double x,<br>double y) ; | 求 x/y 的余数 | 计算结果 | |
| | log | double log(double x); | 求 lnx | 计算结果 | |
| | log10 | double log10(double x); | 求以 10 为底 x 的对数 | 计算结果 | |
| | pow | double   pow(double   x,<br>double y) ; | 求 x 的 y 次幂 | 计算结果 | |
| | sin | double sin(double x); | 正弦函数 | 计算结果 | |
| | sqrt | double sqrt(double x); | 求 x 的平方根 | 计算结果 | |
| | tan | double tan(double x); | 正切函数 | 计算结果 | |
| 字符串<br>操作<br>函数 | strcat | char strcat(char *str1, char<br>*str2); | 把字符串 str2 连接到 str1<br>后面，str1 最后面的'\0'取消 | 返回 str1 | string.h |
| | strchr | char *strchr(char *str,<br>int ch); | 找出 str 指向的字符串中第<br>一次出现字符 ch 的位置 | 返回指向该位置的指<br>针。如找不到，返回空指<br>针 | |
| | strcpy | char strcpy(char *str1, char<br>*str2); | 把 str2 指向的字符串拷贝<br>到 str1 中 | 返回 str1 | |
| | strcmp | int strcmp(char *str1, char<br>*str2); | 比较两个字符串 str1，str2 | str1<str2，返回负数<br>str1=str2，返回 0<br>str1>str2，返回正数 | |
| | strlen | undigned int strlen (char<br>*str); | 统计字符串中字符个数<br>（不含'\0'） | 返回字符个数 | |
| | strstr | char *strstr(char *str1, char<br>*str2); | 找出 str2 字符串在 str1 字<br>符串中第一次出现的位置<br>（不包括 str2 的'\0'） | 返回该位置的指针。如<br>找不到，返回空指针 | |
| 字符<br>转换<br>函数 | tolower | int tolower(int ch); | 将字符转换为小写字母 | 返回 ch 所代表字符的小<br>写字母 | ctype.h |
| | toupper | int toupper(int ch); | 将字符转换为大写字母 | 返回 ch 所代表字符的大<br>写字母 | |

续表

| 函数类别 | 函数名 | 函 数 原 型 | 函 数 功 能 | 函数返回值 | 需包含的文件 |
|---|---|---|---|---|---|
| 输入/<br>输出<br>函数 | clearerr | void clearerr(FILE *fp); | 清除文件指针错误 | 无 | stdio.h |
| | fclose | int fclose(FILE *fp); | 关闭 fp 所指的文件，释放缓冲区 | 有错则返回非 0，否则返回 0 | |
| | feof | int feof(FILE *fp); | 检查文件是否结束 | 遇文件结束返回非 0，否则返回 0 | |
| | fgetc | int fgetc(FILE *fp); | 从 fp 所指定的文件中取得下一个字符 | 返回所得到的字符。若读入出错，返回 EOF | |
| | fgets | char *fgets(char *buf, int n, FILE *fp); | 从 fp 指向的文件读取一个长度为 n−1 的字符串，存入起始地址为 buf 的空间 | 返回地址 buf，若遇文件结束或出错，返回 NULL | |
| | fopen | FILE *fopen(char *filename, *mode); | 以 mode 指定的方式打开名为 filename 的文件 | 成功，返回一个文件指针（起始地址），否则返回 0 | |
| | fprintf | int fprintf(FILE *fp, char *format,args,...); | 把 args 的值以 format 指定格式输出到 fp 指向的文件中 | 实际输出的字符数 | |
| | fputc | int fputc(char ch, FILE *fp); | 将字符 ch 输出到 fp 指向的文件中 | 成功，返回该字符，否则返回 EOF | |
| | fputs | int fputs(char *str, FILE *fp); | 将 str 指向的字符串输出到 fp 指向的文件中 | 返回 0，若出错返回非 0 | |
| | fread | int fread(char pt, unsigned size, unsigned n,FILE *fp); | 从 fp 指定的文件中读取长度为 size 的 n 个数据项，存到 pt 所指向的内存区中 | 返回所读的数据项个数，如遇到文件结束或出错返回 0 | |
| | fscanf | int fscanf(FILE *fp, char *format,args,…); | 从 fp 指定的文件中按 format 给定的格式将输入数据送到 args 所指向的内存单元 | 已输入的数据个数 | |
| | fseek | int fseek(FILE *fp, long offset,int base); | 将 fp 所指向的文件的位置指针移到以 base 所指出的位置为基准、以 offset 为位移量的位置 | 返回当前位置，否则，返回−1 | |
| | ftell | long ftell(FILE *fp); | 返回当前文件指针 | 返回 fp 执行的文件中的读写位置 | |
| | fwrite | int fwrite(char *ptr, unsigned size, unsigned n,FILE *fp); | 把 ptr 所指向的 n*size 个字节输出到 fp 指向的文件 | 写到 fp 文件中数据项的个数 | |
| | getc | int getc(FILE *fp); | 从 fp 所指向的文件中读入一个字符 | 返回所得到的字符。若文件结束或读入出错，返回 EOF | |
| | getchar | int getchar(); | 从标准输入设备读取下一个字符 | 所读字符，若文件结束或出错，返回−1 | |
| | gets | int *gets(char *string); | 从文件读取下一个字符串 | 返回得到的字符串 | |
| | printf | int printf(char *format, args,…); | 将输出表列 args 的值输出到标准输出设备 | 实际输出的字符数 | |
| | putc | int putc(int ch, FILE *fp); | 将字符 ch 输出到 fp 指向的文件中 | 输出的字符 ch，出错返回 EOF | |

续表

| 函数类别 | 函数名 | 函 数 原 型 | 函 数 功 能 | 函数返回值 | 需包含的文件 |
|---|---|---|---|---|---|
| 输入/输出函数 | putchar | int putchar(char ch); | 把字符 ch 输出到标准输出设备 | 输出的字符 ch，出错返回 EOF | stdio.h |
| | puts | int puts(char *str); | 把 str 指向的字符串输出到标准输出设备，将'\0'转换为回车换行 | 返回换行符，出错返回 EOF | |
| | read | int read(int fd,char *buf, unsigned count); | 从文件号 fd 所指示的文件中读 count 个字节到由 buf 指示的缓冲区 | 返回真正读入的字节个数。如遇文件结束返回 0，出错返回–1 | |
| | rename | int rename(char *oldname, *newname); | 把由 oldname 所指的文件名改为由 newname 所指的文件名 | 成功返回 0,出错返回–1 | |
| | rewind | void rewind(FILE *fp); | 将 fp 指示的文件中的位置指针置于文件开头位置，并清除文件结束标志和错误标志 | 无 | |
| | scanf | int scanf(char *format, args …); | 从标准输入设备按 format 指向的格式字符串规定的格式，输入数据给 args 所指向的单元 | 读入并赋给 args 的数据个数。遇文件结束返回 EOF，出错返回 0 | |
| | write | int write(int fd,char *buf, unsigned count); | 从 buf 指示的缓冲区输出 count 个字符到 fd 所标志的文件 | 返回实际输出的字节数，如出错返回–1 | |
| 动态存储分配内存函数 | calloc | void *calloc(unsigned n, unsign size); | 分配 n 个数据项的内存连续空间，每个数据项的大小为 size | 分配内存单元的起始地址，若不成功，返回 0 | malloc.h 或 stdio.h |
| | free | void free(void *p); | 释放 p 所指的内存区 | 无 | |
| | malloc | void *malloc(unsigned size); | 分配 size 字节的存储区 | 所分配的内存地址，如内存不够，返回 0 | |
| | realloc | void *realloc(void *p, unsigned size); | 将 f 所指的已分配内存区的大小改为 size。size 可以比原来分配的空间大或小 | 返回指向该内存区的指针 | |

# 参 考 文 献

[1] Ivor Horton. C 语言入门经典[M]. 张欣，等，译. 北京：机械工业出版社，2007.

[2] 吴婷，等. C 语言答疑解惑与典型题解［M］. 北京：北京邮电大学出版社，2010.

[3] 谭浩强. C 程序设计［M］. 北京：清华大学出版社，2000.

[4] 谭浩强. C 语言程序设计解题与上机指导［M］. 北京：清华大学出版社，2000.

[5] 滕泓虬，等. C 语言程序教学做一体化［M］. 北京：中国水利水电出版社，2010.

[6] 杨俊红，等. C 语言程序设计项目化教程［M］. 北京：中国水利水电出版社，2007.

[7] 崔发周. C 语言程序设计基础教程［M］. 北京：高等教育出版社，2006.

[8] 李金祥，等. 实用 C 语言程序设计教程［M］. 北京：中国电力出版社，2010.

[9] 杨祥，等. C 语言程序设计案例教程［M］. 北京：科学出版社，2010.

[10] 李小霞. C 语言程序设计与实训教程［M］. 北京：北京理工大学出版社，2008.

[11] 乌云高娃，等. C 语言程序设计基础教程［M］. 北京：高等教育出版社，2007.

[12] 苏小红，等. C 语言程序设计［M］. 北京：高等教育出版社，2011.